U0064579

科學天地 507 World of Science

觀念地球科學 1
地質‧地景

FOUNDATIONS OF
EARTH SCIENCE

6th Edition

by Frederick K. Lutgens　　Edward J. Tarbuck　　Dennis Tasa

呂特根、塔布克／著　　塔沙／繪圖　　王季蘭／譯

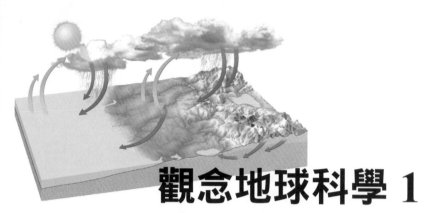

觀念地球科學 1 　地質‧地景

目錄

Foundations
of
Earth Science
6th edition

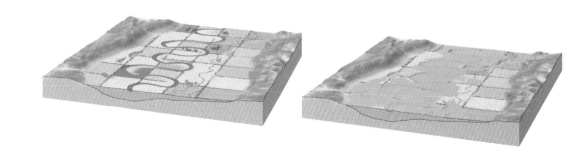

觀念地球科學
[Foundations of Earth Science]
6th edition

序

如何閱讀《觀念地球科學》

　　《觀念地球科學》是為了想對地球科學有初步瞭解的人設計的，整套書共分為七個單元，強調地質學、海洋地質學、氣象學、天文學中最新與最基礎的重點。

　　《觀念地球科學》套書希望以有意義，但不是技術本位的調查，提供對地球科學有興趣、但沒有科學背景的學子或朋友，可讀性高的讀本。書中資料不但豐富且新穎，此外，也盡力做到地球科學初學者的需求，內容易讀且可親。而且這套書可以當工具，用來瞭解基礎地球科學的觀念與概念。

保證讀得津津有味

　　這套書的文字描述直白易懂，討論清晰易讀，並且盡可能少用晦澀的專有名詞。內文中的大標題、中標題、小標題也有助於讀者跟上書中的討論，並指認出每章的重點。

精美繪圖更有看頭

　　地球科學是很需要圖片解說的學科，所以在地球科學的入門讀物上，藝術表現就扮演了關鍵的角色。

　　塔沙（Dennis Tasa）是才華洋溢的藝術家，也是備受尊崇的地球科學繪者，他再次與兩位作者密切合作，畫出了圖、表、地圖等等，讓讀者可以更清楚地球科學的內容。

章末複習不疏漏

　　每章結束時，有三個有用的工具幫助讀者複習章節內容。首先是「重點觀念回顧」，再來是「關鍵名詞解釋」——學習地球科學專用的語言，有助於學習相關知識。最後是「觀念檢驗」，這讓讀者能測試自己對於重要的內容與概念，是不是有足夠的瞭解。

誌謝

　　寫這樣的一套書，需要許多人的幫忙以及貢獻聰明才智。我們很重視 Spring Hill College 的 Mark Watry 與 Teresa Tarbuck 的意見，他們協助我們改進了第 2 章、第 15 章以及第 16 章，讓內容更易讀，也增加了最新資料，

　　塔沙負責本書的所有繪圖，我們的交情特殊，我們不僅重視他的藝術天分及想像力，也珍視他的友誼。

　　也要相當感謝那些深度評閱本書的同事，他們的建言引領著這部作品，並增強了內文。要特別感謝的有：

Patricia Crews, Florida Community College of Jacksonville; Adam Davis, Vincennes University; Doug Fischer, CSU Northridge; Richard Kroll, Kean University; Carrie Manfrino, Kean University; Gustavo Morales, Valencia Community College; William Parker, Florida State University; Patrick Seward, Rogers State University; Krista Syrup, Moraine Valley Community College; Courtney R. Voehl, Indian River State College; Lisa Yon, Palomar College.

　　一如往常，我們要感謝 Pearson Prentice Hall 專業的工作團隊，並感謝出版社持續強力支持卓越與創新，盡全力呈現最好的內容。

　　特別感謝新任的地質學編輯 Andy Dunaway 以及我們認真的出版計畫經理 Crissy Dudonis，才能完成這麼漂亮的成果。由 Pearson 的 Maureen Pancza 以及 GGS Higher Education Resource 的 Kelly Keeler 率領的製作團隊，也有卓越的表現。所有人都這麼專業，我們很幸運能與之共事。

呂特根

塔布克

地球科學簡介

留意以下的問題，
對掌握本章的重要觀念將相當有幫助：

1. 地球科學是由哪些科學學門共同組成的？
2. 地球的自然環境是由哪四個「圈」組成的？
3. 地球本身主要分為哪幾層？
4. 為何我們應把地球視為一個系統？
5. 驅動地球系統的能量從何而來？
6. 地球有哪些重要的環保議題？
7. 科學假說與科學理論有何不同？

火山噴發的壯觀、岩岸壯麗的美景、颱風的超強破壞力，都是地球科學家研究的課題。地球科學就是在解決許多與我們環境有關的迷人卻又實際的問題。是什麼樣的力量造就了群山萬壑？為什麼天氣這麼陰晴不定？氣候真的在變遷嗎？地球的年齡是多少？以及地球與太陽系內其他行星相比是老還是年輕？海洋為何會有潮汐？冰期是什麼樣子？會有下一個冰期嗎？我的腳底下可能存在一個生生不息的湧泉嗎？

這本書的主題就是地球科學。瞭解地球不是件簡單的事，因為我們這顆行星不是一個靜止不變的固體，更切確的說，它是一個動態天體，擁有許多互相作用的構造，以及悠久與複雜的歷史。

 # 什麼是地球科學？

地球科學是綜合的科學，是指所有試圖瞭解地球及其太空鄰居的各門科學，其中包括了地質學、海洋學、氣象學與天文學。

在這本書裡，第一部到第四部談的是地質學，顧名思義，這是與地球本身有關的科學。傳統上把地質學分為兩大部分──自然地質學與歷史地質學。

自然地質學是檢視地球組成物質的科學，並探索地底下與地表各種作用發生的過程。地球是一顆動態且無時不在變化的行星，地球內部的力會引發地震、驅使造山運動、或創造出火山構造。在地表，地球外部的力會把岩石劈裂，刻蝕地表，造就出各式各樣的地形。水、風與冰的侵蝕作用，讓地球上的我們有幸能欣賞多采多姿的地景風貌。由於岩石與礦物的形成反映出地球內部與外部的作用力，因此研究地球的成分，就成了瞭解

我們這顆行星的最基本課題。

　　相對於自然地質學，歷史地質學的目的在於瞭解地球的起源，與它 46 億年的演變歷史，致力於把地質歷史上曾發生過的物質與生物變化，按時間排列做整理。從邏輯上來說，自然地質學的研究要在歷史地質學之前，因為在我們試圖揭開地球歷史的面紗之前，必須要先瞭解地球是如何作用的。

　　第五部〈地球上的海洋〉專門討論海洋學。事實上，海洋學不是獨立的科學，我們甚至可以說，在研究海洋學的過程中，它的複雜性與互相關聯性把所有科學都牽扯進來了。海洋學整合了化學、物理學、地質學與生物學，研究的範圍包含海水的組成與運動，以及海岸變化、海洋地形學與海洋生物（圖 0.1）。

圖0.1　日本地球號是世界上最先進的科學鑽探船，它可以從水深2,500公尺的海床，向下鑽7,000公尺。日本地球號屬於「整合海洋鑽探計畫」（Integrated Ocean Drilling Program, IODP）的一部分。（Photo by kayakaya/Flickr）

　　第六部〈地球的動態大氣圈〉研究的是受地球重力吸引的氣體混合物，距離地表愈高愈稀薄。這層摸不著也看不見的大氣，受到地球運動與來自太陽能量的混合效應作用，產生了變化多端的天氣型態，因此創造出地球的基本氣候模式。氣象學是研究大氣圈以及天氣與氣候形成過程的科學。跟海洋學一樣，在研究圍繞在地球外那層薄薄空氣的過程中，氣象學同樣整合了許多其他科學的應用。

　　第七部〈宇宙中的地球〉闡明的是，要瞭解地球，需要把地球與浩瀚的宇宙相提並論。這是因為地球和太空裡的其他任何天體都有關連，研究宇宙的天文學對於探索我們環境的起源非常有幫助。由於我們對於自己居住的這顆行星非常熟悉，因此很容易忘記，地球只是廣大宇宙裡的一顆微小天體。的確，我們的地球與太空裡的許多其他天體，都受到相同的物理定律支配，所以，瞭解地球起源有助於我們認識太陽系裡的其他成員。此外，若你可以把太陽系視為組成我們銀河的眾多星體的一小部分，這個觀念將非常受用，因為就連我們的銀河，也只是宇宙中眾多星系裡的一個。

　　瞭解地球不是件簡單的事，因為這顆行星是個會變動的天體，有許多互相作用的構造，並有複雜歷史。地球長久以來，一直是以不斷演變之姿存在於宇宙中，事實上，在你閱讀本書這一頁的當下，地球正在改變，且在可預見的未來也依舊會如此。有時候，當發生劇烈的暴風雨、山崩或火山爆發時，地球的改變是快速且猛烈的，然而大多數的時候，地球的改變都是緩慢進行的，甚至因為過於緩慢，人終其一生都感覺不到這些變化。地球科學研究的各種現象，在尺度與空間上，也有很大的差異。

　　地球科學常常被視為是在戶外進行研究的科學，事實上也確是如此。地球科學家的研究絕大部分是根據在野外的觀察與實驗來進行的；但有些也會在實驗室裡進行，例如，研究各種地球的組成物質，有助於洞悉許多基本的作用過程，而複雜的電腦模式的建立，可以用來模擬我們地球捉摸

不定的氣候系統。地球科學家常常需要瞭解與應用物理學、化學、生物學的知識和原理。地質學、海洋學、氣象學與天文學等等這些科學，就是為了讓我們對自然世界以及地球有更進一步的認識。

 # 地球

　　圖 0.2A 的照片，讓阿波羅 8 號上的太空人以及全人類，對地球有了一個獨特的印像。從太空中望地球，它的美令人驚豔，它的孤獨也令人詫異。這樣的形象提醒我們，我們的家園畢竟只是一顆行星，它渺小、自給自足，但某些方面而言，甚至非常脆弱。

　　當我們從太空仔細觀察地球，會輕易發現地球不是只由岩石和土壤組成的，事實上從圖 0.2A 看來，地球最顯眼的部分並非陸地，而是飄浮在地表上方的旋渦狀雲層，以及廣大的湛藍海洋，這些特徵在在凸顯，空氣與水對我們地球的重要性。

　　從太空中更近一點看地球，如圖 0.2B 那樣，我們便能體會為什麼傳統

1492 年，哥倫布的探險之旅啟航時，歐洲仍有許多人以為地球是平的，認定哥倫布會航行到地球的邊緣。然而，再往前追溯兩千多年，古希臘人老早就知道地球是球體，因為月食出現時，地球投射在月亮上的陰影總是彎曲的。事實上，埃拉托斯特尼（Eratosthenes, 276-194 B.C.）曾計算出地球的周長，得到的數值與現今的測量值（40,075 公里）非常接近。

你知道嗎？

上總是把地球分為三大部分：含水的地球，也就是所謂的水圈；包圍住地球的空氣，也就是大氣圈；以及固態地球，地圈。

我們應該強調，我們的地球環境幾乎是一體的，而非單單由水、空氣與岩石所主導。的確，地球環境的特徵就是擁有持續的交互作用，像是空氣與岩石、岩石與水、以及水與空氣的接觸。此外，把觸角伸向這三大範疇的生物圈，這些所有生存在地球上的生命形式，同樣也是這顆行星不可

圖0.2　A. 當阿波羅8號太空船從月球背後出現時，最先映入眼簾的，就是地球如此令人讚嘆的樣貌。B. 在這幀由阿波羅17號拍攝的經典照片中，非洲與阿拉伯最為顯眼，未被雲層壟罩的棕褐色陸塊，正是幾個大沙漠地區的位置。雲層帶橫越中非，與此地是熱帶雨林，氣候潮濕有關。深藍色的海洋與漩渦狀的雲層結構提醒我們，海洋與大氣的重要。受冰川與冰覆蓋的南極洲也清晰可見。（Photo by NASA）

或缺的一部分。因此，地球可視為由下列四個「圈」組成的：水圈、大氣圈、地圈與生物圈。

　　地球這四個「圈」之間的交互作用是無法估算的。圖 0.3 提供了一個很容易想像的例子。海岸線顯然是岩石、水與空氣三者交會的場所，在這個畫面中，海水受吹拂海面的空氣拉引，形成海浪，海浪與沿岸接觸時破碎成浪花，此時，水的力道可能很強，連帶造成的侵蝕作用也可能很驚人。

圖0.3　系統中不同部分發生交互作用的共用邊界，叫做「界面」，海岸線就是一個很明顯的界面。在這幀照片中，空氣（大氣圈）移動產生的力，沿著海岸製造出海浪（水圈），海浪卻在遇到岩岸（地圈）時碎裂成浪花。水的力道可能很強勁，連帶造成的侵蝕作用也可能很驚人。
（Photo by iStockphoto/Thinkstock）

海水的量非常豐沛，
假使我們把地球當做一個表面非常平滑的球體，
用現今海洋均勻包覆地球，會形成厚度 2 公里的水層！

你知道嗎？

水圈

地球有時被稱做「藍色行星」，沒有任何其他物質像水這樣，讓地球如此獨特。**水圈**是持續在移動的大量動態水，水從海洋蒸發，進到大氣，再降雨回到陸地，然後流回海洋。地球上覆蓋將近 71% 的地表，平均深度約3,800 公尺的海洋當然是水圈最顯著的特徵，總海水量占了地球全部水量的97%（圖 0.4）。然而，水圈也包含在地底、溪流、湖泊、冰川裡的淡水。此外，在所有生命體中占有絕對分量的，也是水。

雖然後面這幾項水源只占全部比重的極小部分，但它們的重要性遠超

圖 0.4　地球的水源分布。海洋很顯然占了主導的地位，若我們只考慮非海洋的部分，冰層與冰川占了地球淡水將近68.6%的量，地下水則只占了30.1%再多一點。倘若我們只考慮「液態」的淡水，那麼地下水的重要性就不言可喻了。

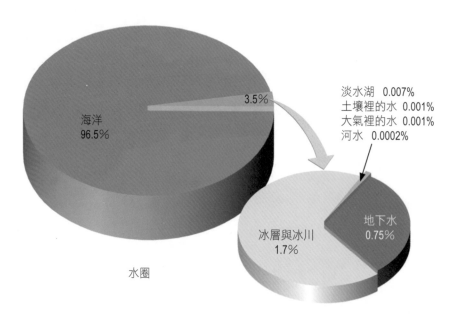

海洋
96.5%

3.5%

淡水湖　0.007%
土壤裡的水　0.001%
大氣裡的水　0.001%
河水　0.0002%

地下水
0.75%

冰層與冰川
1.7%

水圈

非海洋組成
（占總水文循環的3.5%）

過百分比所代表的意義。淡水提供陸地動物賴以活命的，除此之外，溪流、冰川與地下水則負責雕塑地表，創造出各式各樣的地形樣貌。

▶ 大氣圈

　　地球由提供生命所需的氣體環繞包覆，我們稱此為大氣圈（圖 0.5）。我們看噴射機在高空劃越天際時，天空向上延伸似乎永無邊際。然而，與地球（半徑約 6,400 公里）的厚度相比，大氣圈只是薄薄的一層空氣而已。大氣的組成物質中，有一半集中在離地表 5.6 公里的高度，有 90% 分布在 16 公里高的範圍。不過，這層薄薄的大氣是我們這顆行星不可或缺的一部分，它不僅提供我們呼吸的空氣，也保護我們不受危險的太陽輻射侵襲。在大氣與地表之間，以及大氣與太空之間，總是上演能量交換的戲碼，產生的效應我們就稱為天氣與氣候。

　　倘若地球跟月球一樣沒有大氣圈包覆，我們這顆行星將了無生氣，因為許多讓地表生意盎然的作用與交互作用都不再運作。沒有了風化與侵蝕，地球表面很可能與月球表面一樣，在 30 億年間都不會有明顯的變化。

▶ 地圈

　　在大氣與海洋下方的是固態地球，也稱做地圈。地圈從地表向下延伸至地心，深度將近 6,400 公里，是地球四「圈」中最大的一圈。固態地球的研究多半集中於可觸及的地表或近地表的樣貌，然而值得注意的是，許多這些地形樣貌與地球內部的動態有很大的關聯。圖 0.6 描繪的是地球內部的構造，你可以看出來，地球不是均質的球體，而是分為好幾層。若以成分

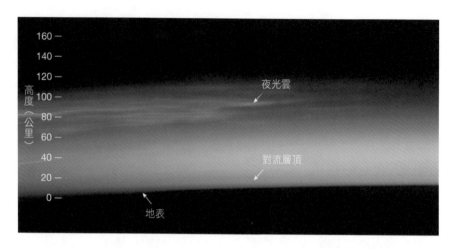

的差異來區分，主要分為三層：最內層是密度最高的地核、中間層是密度次之的地函、在最外層且是最輕也最薄的地殼。地殼的厚度並不均勻，在海洋下方之處最薄，陸地所在處最厚。雖然地殼與地圈中另外較厚實的兩層比起來似乎微不足道，但地殼與地球目前的構造，都是由同樣的作用程序形成的。因此，要瞭解地球歷史與自然環境，地殼扮演了舉足輕重的角色。

　　若是以不同的力與應力加諸在地球，地球的表現會因各種物質行為的不同，而有所區分。**岩石圈**是指較堅硬的最外層，包括地殼與上部地函；以堅硬岩石組成的岩石圈，其下方是**軟流圈**，軟流圈的岩層較軟，會因為地球深處不均勻的熱分布而緩慢流動。

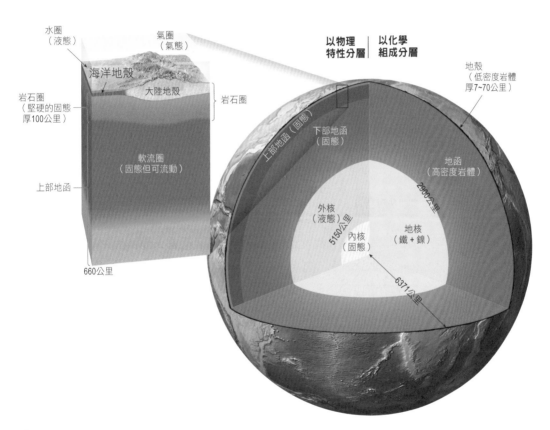

圖0.6　這顆地球的右邊根據組成成分的不同，把地球區分為三層——地殼、地函、地核。左邊是根據物理特性與機械強度把地球內部區分為五層——岩石圈、軟流圈、下部地函、外核與內核。柱狀立體圖描繪的是地球最上層部分的放大示意圖。

科學家至今還未直接從地函或地核內採取樣本，而我們之所以知道地球內部構造，是透過地震時產生的震波分析出來的。當地震波的能量穿透地球內部，震波的速率會因所穿透地層的性質不同，而有所改變，震波行進的方向也會因此彎曲與反射。遍布全世界的地震監測站就是用來偵測與記錄地震波能量的。

地表則主要分為兩個部分：陸地與海洋盆地，兩者最顯著的差異就是它們的相對高度。海平面以上的陸地，平均高度是 840 公尺，而海洋的平均深度是 3,800 公尺，因此，陸地平均高於洋底 4,640 公尺（約 4.6 公里）。

生物圈

第四個「圈」生物圈意指地球上的所有生命。海洋生物集中在海水中陽光照射得到的範圍（圖 0.7），大部分的陸地生物也生活在地表附近，樹根與穿孔動物可以到達地底下數公尺的深度，飛蟲與鳥最高可以飛到 1 公里高的天空。生物驚人的多樣性，也是為了要適應地球極端的環境而發展出來的。

舉例來說，深海洋底的壓力極大，陽光也穿透不到，但有些地方會有火山口噴出富含礦物質的高溫液體，特殊生命族群便以此活命。陸地上，有些細菌偏愛生活在地下深 4 公里的岩石間以及滾沸的溫泉水中，此外，氣流可以把微生物帶往幾公里高的大氣層中。

然而，即使上述提到的都是地球的極端環境，我們仍必須把生物看做是局限在非常靠近地表的狹窄帶狀區域內。

圖0.7　水圈在生物圈內占有相當重要的部分。近代珊瑚礁是獨特且複雜的例子，大約25%的海洋物種以此為家。正因為這樣的多樣性，珊瑚礁有時會稱為海洋中的雨林。（Photo by Digital Vision/ Thinkstock）

　　植物與動物依賴自然環境來滿足基本生命需求。然而，生物不只是回應環境的狀態，透過無數的交互作用，各種生命也會協助維持與改變所處的自然環境。若沒有生物，地圈、水圈與氣圈的構成與本質，將與現今的模樣迥然不同。

 # 地球系統

　　學習地球科學的人很快就會瞭解，我們的地球是動態的天體，擁有許多獨立卻又互相作用的部分（或「圈」）。水圈、大氣圈、生物圈、地圈以及其組成物質，都可以分開來研究，但其實它們不是獨立存在的。每一個部分從不同面向來看都和其他部分發生關聯，進而產生複雜且持續交互作用的整體，我們稱為地球系統。

　　地球系統內不同部分之間的交互作用，可由每年冬天都會發生的一個簡單例子來說明。當太平洋的海水蒸發至高空，再以雨的形式降落在美國南加州的山坡上，引發具有破壞力的山崩。這個把水從水圈帶到大氣圈、再轉移到地圈的過程，對陸地的自然地景產生深遠的影響，也對棲息於這些區域的動物（包括人類）、植物造成莫大的衝擊。

　　科學家已經知道，為了更瞭解我們的地球，他們必須學習這個系統中，個別組成成分（土地、水、空氣與生物）之間有何關聯。這份努力已然形成地球系統科學，目的是要把地球當做一個系統來研究，而此系統是由許多交互作用的子系統共同組成的。研究地球系統科學的人使用各學科皆通用的方法，試圖讓自己對地球瞭解的程度提升到，足以理解與解決許多地球環境問題。

　　系統是由一群交互作用或相互依賴的個體所組成的複雜整體。我們在日常生活中常聽到或使用系統這個名詞，例如我們會保養汽車裡的冷卻「系統」，搭乘城市裡的大眾運輸「系統」，參與政治「系統」，而新聞報導會提供我們最新的天氣「系統」狀況等等。此外，我們已經知道地球只是一個叫做太陽「系」裡的一小部分，而太陽系也不過是一個更大的系統──銀河「系」裡的一個子系統罷了。

　　地球系統裡的各個部分都是相互關聯的，所以其中一個部分的小改變，可能導致另一個部分或其他所有部分發生改變。舉例來說，火山爆發時，從地球內部噴發出來的熔岩可能會流到地表，甚至堵住鄰近的山谷。新的阻塞可能會產生新的湖泊，或讓既有的河流改道，影響整個區域的水系。大量的火山灰與火山氣體可能在火山噴發期間釋出，被吹到大氣層的高空，影響抵達到地球的太陽能的量，結果可能導致整個半球的氣溫下降。

　　改變還沒有結束。遭熔岩流或厚厚的火山灰覆蓋的區域，既有的土壤會遭掩埋，使成土作用重新開始，新的地表物質將再轉變成土壤。最終形成的土壤，將會反映地球系統中許多部分之間的交互作用：火山母質、風化型式與速度、以及對生物活動造成的衝擊。當然，對生物圈也會產生重大影響，一些生物與其棲息地會遭熔岩流與火山灰消弭，而由新環境取而代之，例如湖泊。潛在的氣候變化也可能影響一些較脆弱的生命。

　　地球系統有一個特點：加諸在地球上的作用，在空間尺度上變化很大，小從零點幾公釐，大到數千公里不等；在時間尺度上，作用的範圍則從幾毫秒到幾十億年都有。當我們對地球認識愈深，就愈清楚瞭解，不管距離多遠、時間相隔多久，很多作用都是環環相扣的，牽一髮而動全局。

　　地球系統有兩種能量來源，第一種是太陽驅動的外部作用力，這些力作用在大氣圈、水圈與地表；天氣與氣候、海洋環流、以及侵蝕作用，都是受到太陽驅動的能量影響。地球內部是第二種能量來源。地球形成時留

下的餘熱，以及放射性衰變持續產生的熱，皆是驅動地球產生火山、地震與山脈的內部作用力。

在地球系統內，有生命與無生命的組成是緊密結合與交互作用的，而人類也是此系統的一部分，因此人類的行為對地球其他部分都會造成改變。當我們用汽油或燒煤、在沿海岸線築起堤防、扔棄垃圾、夷平土地，就會造成地球系統的其他部分發生反應，而這些反應通常不是你我預料得到的。透過這本書，你可以學習到很多地球的子系統，比方說有水系統、構造系統（造山運動）、氣候系統等等。請記住，所有這些子系統與我們人類，都是地球系統這個複雜且交互作用之整體的一部分。

 # 地球科學的空間與時間尺度

我們在研究地球的時候，必須面對許多空間與時間的尺度（圖 0.8）。對我們而言，有些現象相對來說很容易想像，例如午後大雷雨的規模與持續的時間，或是沙丘的大小，但許多現象非常龐大或渺小到很難想像的地步，比如說我們銀河裡（甚至銀河外）的恆星數量與距離，或是礦物晶體中原子的排列方式等。

有些現象發生的時間短到幾分之一秒，閃電就是如此，有些作用的過程則要幾千萬年甚至幾億年才看得到改變。高聳的喜馬拉雅山在差不多 5 千萬年前開始形成，而這個造山作用至今還未停止。

地質年代的概念，許多非科學家從未聽聞。人們習慣用小時、日、星期與年來計算時間，歷史課本中常檢視跨越數個世紀的事件，不過我們連「1 個世紀」都很難完整認識。對我們大多數人來說，90 歲算是非常老的，

圖0.8　地球科學探討的現象，小從原子尺度，大到星系以外的範圍。

1000 年歷史的手工藝品就可稱為古董了。

相較之下,研究地球科學的人,必須經常面對很長段的時間——百萬年或十億。檢視地球約 46 億年的歷史,地質學家可能把 1 億年前發生的事件,歸類成「最近」發生的事,一個岩石樣本的定年結果若顯示為 1000 萬年,那麼它可能會被稱為「年輕」的岩石。

研究地球科學時,對於地質年代長短的評定很重要,因為地球上的很多作用都進行得很緩慢,因此需要很長一段時間才能發生顯著的變化。

46 億年有多久呢?如果要你每秒鐘數 1 個數,從 1 開始數,每分鐘數 60 個數,如此 1 天 24 小時、1 個星期 7 天毫不間斷的數下去,那麼你要花兩輩子(150 年)的時間才能數到 46 億!

在過去 200 年間,地球科學家為地球歷史建立起地質年代表,把 46 億年分割為不同的單位,以歷史事件發生的先後順序,排列成有意義的時間架構(圖 0.9)。第 8 章將仔細探討建立地質年代表所依據的原則。

 # 能源與環境議題

環境是指在生物周遭所有對其產生影響的事物,其中有些是生物且具有社會性的,有些則沒有生命,後面這類總稱為自然環境。自然環境包含水、空氣、土壤、岩石,以及溫度、濕度、日光等狀態。地球科學研究的現象與作用,對瞭解自然環境而言是很根本的,所以,就這層面來說,大部分地球科學也可以是歸類為環境科學。

然而,現今的地球科學若是冠上了「環境」,通常是指人類與自然環境的關係。應用地球科學,才能瞭解與解決這些關聯所引起的問題。

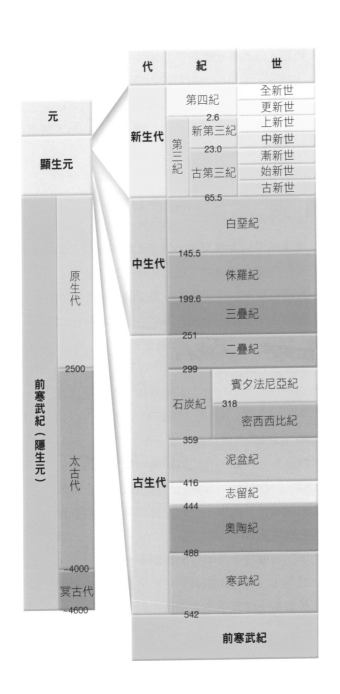

代	紀	世
新生代	第四紀 2.6	全新世
		更新世
	第三紀 新第三紀 23.0	上新世
		中新世
	古第三紀 65.5	漸新世
		始新世
		古新世

元
顯生元

原生代
2500

前寒武紀（隱生元）
太古代
~4000
冥古代
~4600

中生代
白堊紀
145.5
侏羅紀
199.6
三疊紀
251

古生代
二疊紀
299
石炭紀　賓夕法尼亞紀
318
密西西比紀
359
泥盆紀
416
志留紀
444
奧陶紀
488
寒武紀
542

前寒武紀

圖0.9　地質年代表把地球46億年的歷史分割為元、代、紀、世等等。我們現在處於第四紀的全新世，屬於新生代的一部分，是顯生元裡最晚的一代。第8章會探討更多地質時代的內容。（左圖中的數字，單位為百萬年。）

我們人類對大自然作用的影響有可能很顯著。舉例來說，河川氾濫是大自然的作用之一，但是河川氾濫的規模與頻率，可以因為砍除森林、城市化與建築水壩等人為活動而產生巨大的改變。遺憾的是，自然系統不會總是以我們預期的方式來適應人為的改變，因此，為了嘉惠社會而改變環境，可能會導致反效果。

資源

資源是地球科學的重要課題，也是人類的至寶。資源包括水、土壤、種類繁多的金屬與非金屬礦物、以及能源，以上種種組合起來就是現今文明的基礎。地球科學不只在研究這些重要資源的形成與出現，還要探討它們是否能永續供給，以及資源的擷取與利用對於環境的衝擊。

住在高度工業化國家的人沒有幾個能理解，要維持現階段的生活水平，需要依賴多少資源。圖 0.10 顯示，美國每人每年消耗的幾種重要金屬與非金屬礦物資源的量，是由「工業界為了提供現代社會需求的各式各樣產品，所需要的物質量」，除以「美國總人口數」，得到的平均值。其他高度工業化國家的這些數值與美國不相上下。

資源可概分為兩大類，有些歸類為可再生資源，意思是指經過一段相對短的時間後，可再補足。常見的可再生資源有：當成食物食用的植物和動物、做衣服用的天然纖維，以及木材與紙張等森林產物。水力、風力與日光發電產生的能量，也被視為是可再生的。

相形之下，其他許多基本資源都屬不可再生資源。像鐵、鋁、銅這些重要金屬都歸到這一類，人類最不可或缺的燃料：石油、天然氣與煤，也屬於不可再生資源。儘管這些資源仍在持續形成，但生成的過程極緩慢，需要幾百萬年的時間才能累積到足以稱為礦床的量。簡而言之，地球蘊含

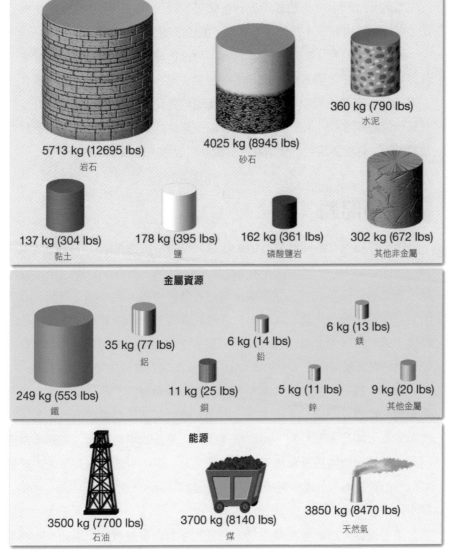

非金屬資源

5713 kg (12695 lbs)
岩石

4025 kg (8945 lbs)
砂石

360 kg (790 lbs)
水泥

137 kg (304 lbs)
黏土

178 kg (395 lbs)
鹽

162 kg (361 lbs)
磷酸鹽岩

302 kg (672 lbs)
其他非金屬

金屬資源

249 kg (553 lbs)
鐵

35 kg (77 lbs)
鋁

11 kg (25 lbs)
銅

6 kg (14 lbs)
鉛

5 kg (11 lbs)
鋅

6 kg (13 lbs)
鎂

9 kg (20 lbs)
其他金屬

能源

3500 kg (7700 lbs)
石油

3700 kg (8140 lbs)
煤

3850 kg (8470 lbs)
天然氣

注：kg 為「公斤」，lbs 為「磅」。

圖0.10　美國每人年平均消耗的非金屬與金屬資源約為1萬1千公斤！其中97%屬於非金屬資源。每人每年消耗的煤、石油與天然氣也超過1萬1千公斤。（Data from U.S. Geological Survey）

的不可再生資源的量是固定的，當現今的庫存從地下開採或汲取出來，等到用罄的那一日，就再也榨不出什麼來了。雖然有些不可再生資源（例如鋁）可以回收再利用，其他許多資源（例如石油）都無法重複利用。

那麼，目前剩下的這些基本資源，可以供給到什麼時候？工業國家一直提高生活水平，發展中國家的需求也要供給，這些資源還能支持多久？在追尋基本資源的過程中，我們能忍受環境惡化到多糟糕的程度？可以找到替代能源嗎？如果我們對於天然資源的需求與日俱增，世界人口總數也持續增加，那麼對現存的與潛在的資源多所瞭解，是很重要的。

▎環境問題

除了探尋適當的礦物與能源，地球科學還必須應付多如牛毛的環境問題。有些是地方性的，有些是範圍大一點的區域，有些則是遍及全球的問題。危急的問題不只令已開發國家頭疼，開發中國家也面臨了考驗。都市的空氣汙染、酸雨、臭氧減少與全球氣候變遷，只是少數造成嚴重威脅的問題（圖 0.11），其他如土壤流失造成侵蝕加劇、傾倒有毒廢棄物、水資源汙染與枯竭等環境問題，都不容小覷，而且問題名單只會加長不會縮短。

除了人為造成與加重的問題，我們也必須面對許多自然環境帶來的天然災害。地震、山崩、火山噴發、洪水、颱風只是眾多災害中的少數，其他像乾旱，雖然不甚壯觀，卻也是同樣令人擔憂的環境問題。由許多案例可見，天然災害的威脅會因人口增加而加重，原因可能是有更多的人聚集在危機潛伏的地方，或是更多人試圖在不該當農地的邊際地（marginal land）從事耕作。

隨著世界人口總數持續成長，環境的壓力也日益增加。因此，瞭解地球是很必要的，不只是為了發掘與重新取得基本資源，也是為了解決人類

對環境的衝擊，與減低天然災害的影響。為了安身立命，也為了追求更高的福祉，我們必須認識這顆行星以及它的運作方式，因為地球是唯一適合我們居住的環境，而它蘊含的資源有限，總有枯竭耗盡的一天。

圖0.11　中國大陸北京有嚴重的空氣汙染，汙染源大部分來自摩托車與發電廠燃燒燃料產生的廢氣。氣象因素決定這些汙染物會持續滯留在城市中，或是消散。
（Photo by iStockphoto/Thinkstock）

科學問題的本質

　　身為現代社會的一員，我們總不會忘記科學帶給我們的好處與便利。然而，科學探索的本質究竟是什麼？瞭解科學研究是如何做出來的，以及科學家如何工作，是本書的重要課題。你將會看到蒐集資料有多困難，也會看到如何想出方法來克服這些困難；你也會看到如何建立一個假說並加以試驗，而且也會學到一些重大科學理論是如何推敲、進而發展成形的過程。

　　所有的科學都是以下列的假說為基礎：自然世界的運行方式是永恆不變與可預測的。總的來說，科學的目的是發現自然世界運行的基本模式，並在已知某些事實與狀況的條件下，利用這些知識去預測某些事將要發生或不會發生。

　　發展新的科學知識，需要一些普遍為人接受的基本邏輯步驟。為了確定什麼是目前自然世界正在發生的事，科學家透過觀察與測量來蒐集事實。由於錯誤無法完全避免，特定的觀察行為或測量方法的精確度很容易引起質疑，然而這些數據對科學而言是絕對必要的，是科學理論發展的跳板。

假說

　　一旦蒐集了事實、制定了描述自然現象的定律，研究人員便要試著解釋他們觀察到的現象，如何與為何會發生的。他們可以先建立一個未經試驗的初步解釋，我們稱為假說。倘若研究人員可以建立一個以上的假說，去解釋一系列的觀察結果，這是最棒的情況。假如科學家自己不能建立多個假說，科學圈裡的其他科學家幾乎總能替他發展出不同的解釋。激烈爭論的戲碼時常上演，結果抱持對立假說的擁護者，必須做更廣泛的研究來支持自己的論點，並把研究結果發表於科學期刊，讓科學圈裡所有相關的研究者都可以獲得第一手的數據與資料。

　　假說在變成可接受的科學知識之前，必須通過客觀的試驗與分析（不能試驗的假說在科學上是毫無作用的，不管它看起來多有趣）。驗證的過程需要以下兩個步驟：先是根據假說做出預測，再與大自然的客觀觀測結果做比較，來試驗這個預測。換句話說，假說必須符合觀測結果，而不是一開始就拿假說來解釋觀測結果。無法通過嚴苛試驗的假說，終究會遭捨棄。在科學發展的歷史中，充斥著遭摒棄的假說，其中最著名的一個就是宇宙的地心論。因為每天都可清楚看見太陽、月亮、星星繞著地球轉，使這個論點受到短暫的支持與擁護。如同數學家布魯撓斯基（Jacob Bronowski, 1908-1974）巧妙指出的，「科學是許多偉大事物的總和，但最後它們終將回歸到一點：科學接受對的事物，且拒絕一切錯誤。」

理論

　　當一個假說從反覆的嚴格檢視中倖存，且與其匹敵的假說都被一一刪去後，這個假說就提升到了科學理論的階段。在日常口語中，我們常說

「這只是你的理論罷了」，然而，科學上的理論是指，能解釋某些可見的事實，並經過徹底試驗，也受到科學家普遍認同與接受的觀點。

有些受到廣泛證明並獲得極度支持的理論，涉及的範圍很大，其中廣為人知的例子，就是解釋地球上生命發展的演化論，以及探討山脈、地震與火山活動起源的板塊構造論。此外，板塊構造也解釋了陸地與海洋盆地隨時間演變的過程，我們在本書稍後的章節會再探討這個主題。

▶ 科學方法

方才我們談論到的，科學家藉由觀察來蒐集事實，然後建立科學性的假說，到最後假說變成理論，這樣的過程我們稱做科學方法。與普世信仰相反，科學方法並不是標準流程，讓科學家用一成不變的方法解開自然世界的奧祕，科學方法是包含創造性與洞察力的努力過程。盧塞福與阿爾根曾經說過這樣的話：「發明假說或理論來想像我們世界運作的方式，然後思考如何用它們來驗證真實世界，就像寫詩、作曲或設計摩天大樓一樣，都需要創造力。」*

沒有一條固定的路徑，可以準確的帶領科學家去發現科學知識，不過，許多科學研究都包含了下列步驟：⑴ 藉由觀察與測量來蒐集科學事實；⑵ 構想出與事實有關的問題，並建立一個或多個可能得以解答這些問題的可行假說；⑶ 規劃及進行觀察與實驗，來印證每一個假說；⑷ 根據廣泛的測試結果來接受、修正或刪除假說。

★ 摘自盧瑟福（F. James Rutherford）與阿爾根（Andrew Ahlgren）合著的《全美科學素養》（*Science for All Americans*, New York: Oxford University Press, 1990），第 7 頁。

你知道嗎？

科學定律描述的是某個特定自然行為的基本原理，
範圍通常很狹隘，
且陳述簡短扼要，常常只是簡單的數學公式。

　　不過，另有些科學發現純粹來自理論上的想法，而這些想法禁得起後續的試驗。有些研究人員不做實驗，他們利用高速電腦模擬真實世界發生的狀況，而這些模型對於處理發生在極長時間尺度、極端環境或人力無法觸及的自然程序時，非常有用。也有些科學進程是在實驗過程中，完全無預期的狀況下發生的，但這些僥倖得到的發現不全然只是好運氣而已，因為法國細菌學家巴斯德（Louis Pasteur, 1822-1895）曾說過：「在觀察的過程中，機會只偏愛準備好的人。」

　　科學知識是經由幾條不同途徑獲得的，所以描述科學探索的本質最好的方式，是說它是一個以上的科學方法，而非單一精確的方法。此外，有一點必須謹記在心，即使是最令人信服的科學理論，仍然只是對自然世界所做的簡化解釋。

 # 研究地球科學

　　在這本書裡，你將會發現幾世紀以來科學工作的成果，也會看到從幾百萬種觀測、上千個假說與幾百條理論得到的最終產物，我們已把地球科學的精華提煉出來，對你「簡報」。

　　然而，你必須明瞭，當全球成千上萬的科學家利用衛星做觀測、分析洋底鑽出來的岩芯、研究地震波、建立氣候預測的電腦模型、解讀生物的基因密碼、發現跟地球悠久歷史有關的新事物的同時，我們所掌握到的地球知識也日新月異，新的知識還不時更新既有的假說與理論。敬請期待在你我的有生之年，還能看見科學上的許多新發現與新思想。

■ 地球科學泛指所有研究地球及其太空鄰居的科學，其中包括地質學、海洋學、氣象學與天文學。傳統上把地質學區分為兩大領域——自然地質學與歷史地質學。

■ 地球的自然環境傳統上分為三個部分：地圈、水圈（地球上有水的部分）與大氣圈（環繞地球的氣體）。此外，與上述三個領域皆有交互作用的生物圈（地球上所有的生物），也同樣是構成地球的一部分。

■ 儘管地球四圈裡的每一個圈都可以獨立研究，但它們彼此都在複雜且持續作用的整體中相互牽連著，這個整體我們稱為地球系統。在研究我們這顆行星與全球環境問題的過程中，地球系統科學使用各學科皆通用的方法，來整合幾個學術領域的知識。

■ 驅動我們地球系統的兩個能量來源分別是：(1) 太陽，驅使發生在大氣圈、水圈與地表的外部作用；(2) 地球內部的熱能，驅動能產生火山、地震與造山運動的內部作用。

■ 環境是指一個生物周遭所有對其產生影響的事物，這些影響可以是生物性、社會性或物質性的。當我們應用到今日的地球科學上，「環境」這個名詞通常是指那些焦點放在人類與自然環境之間關係的面向。

■ 資源是重要的環境議題。資源可分為兩大類：⑴ 可再生的，表示經過一段相對短的時間之後可再被補足；⑵ 不可再生的。隨著人口數成長，我們對資源的需求也會日益增加。

■ 環境問題可以是地方性的、區域性的或全球性的。由人類造成的問題包括都市空氣汙染、酸雨、臭氧減少、全球氣候變遷等，天然災害包括地震、山崩、洪水與颱風。隨著全球人口數增加，環境的壓力也日益增加。

■ 所有的科學都是以下列的假說為基礎：自然世界的運行方式是永恆不變與可預測的。科學家藉由觀察與仔細測量來蒐集事實，然後建立科學性的假說與理論，這樣的過程我們稱做科學方法。為了確定自然世界現在正在發生的事，科學家時常 ⑴ 蒐集事實；⑵ 構想出與事實有關的問題，並建立一個或多個能滿足這些問題的可行假說；⑶ 建立實驗來印證每一個假說；⑷ 根據廣泛的測試結果來接受、修正或刪除假說。有些發現單純來自理論上的想法，而這些想法已經通過試驗。有些科學的進程是在實驗的過程中、完全無預期的狀況下發生的。

大氣圈 atmosphere　環繞住地球的一圈氣體，提供生命所需的氣體。大氣的組成物質中，有一半集中在離地表 5.6 公里的高度，有 90% 分布在 16 公里高的範圍。

不可再生資源 nonrenewable resource　經過長時間形成或累積的資源，在總量上必須被視為固定的。

天文學 astronomy　研究宇宙的科學，包括觀測天體及解譯天體現象。

水圈 hydrosphere　我們這顆行星上所有含水的部分，包括海洋、河川、、湖泊、冰川等。海洋是水圈最顯著的特徵，海洋覆蓋將近 71% 的地表，總海水量占了地球全部水量的 97%。

可再生資源 renewable resource　實際上不會用盡，或經過一段相對短的時間，即可再被補足的資源。

生物圈 biosphere　地球上所有生命的總稱；是在岩石圈、水圈與大氣圈中，能找到的活的生物之所在。

地函 mantle　位在地殼之下的地球內部分層，厚達 2,900 公里，包含上部地函和下部地函兩部分。

地核 core　地球組成的最內層，可分成地核外核（主要是液態鐵鎳）和地核內核（主要是固態鐵鎳）兩部分。

地圈 geosphere　在大氣與海洋下方的固態地球。

地球系統 Earth system　地球的每一部分從不同面向，都和其他部分發生關聯，進而產生複雜且持續交互作用的整體，稱為地球系統。

地球科學 Earth science　是一門綜合的科學，指所有試圖瞭解地球及其太空鄰居的各門科學，其中包括了地質學、海洋學、氣象學與天文學。

地殼 crust　地球最外圈的薄層岩質，包括大陸地殼和海洋地殼兩大類。

地質年代表 geologic time scale　把地球 46 億年的歷史，分割為不同的單位，以歷史事件發生的先後順序，排列成有意義的時間架構。

地質學 geology　探討地球的科學，包括地球的形成與組成，以及曾經經歷與正在進行的改變。

自然環境 physical environment　包含水、空氣、土壤、岩石，以及溫度、溼度與陽光所有狀態的環境部分。

系統 system　是由一群交互作用或相互依賴的個體所組成的複雜整體。

岩石圈 lithosphere　地球最外圈的堅固地層，包括地殼和上部地函。

氣象學 meteorology　研究大氣及大氣現象的科學；研究天氣及氣候的科學。

海洋學 oceanography　研究海洋與海洋現象的科學。

假說 hypothesis　必須受到測試，以確定是否正確的暫時性解釋。

理論 theory　用來解釋某些可觀測的事實的觀點，這些觀點已經過反覆試驗，並廣泛被科學界所接受。

軟流圈 asthenosphere　位在岩石圈下方，是上部地函裡，密度較低、黏度高、很容易韌性變形的區域，大約位於地下 100 公里到 200 公里之間，某些地方甚至深達 700 公里。

1. 請分別指出，下列敘述各為何種特定的地球科學：

   a. 這門科學處理海洋動力學方面的問題

   b. 按字面解釋是「與地球有關的科學」

   c. 這門科學主要是在瞭解大氣

   d. 這門科學有助我們瞭解地球在宇宙中的定位

2. 請列出並定義出，組成我們地球環境的四個圈。

3. 請指出固態地球依組成成分的不同，可區分為哪三個部分。

4. 海洋覆蓋了地球表面的 ＿＿＿＿＿％，並包含地球總水量的 ＿＿＿＿＿％。

5. 地球系統的兩個能量來源為何？

6. 請比較可再生與不可再生資源，並實際列舉出一種以上的資源。

第一部
地球物質

礦物
——組成岩石的基本物質

學習焦點

留意以下的問題，
對掌握本章的重要觀念將相當有幫助：

1. 什麼是礦物？它們與岩石的差異何在？
2. 物質的最小粒子是什麼？原子是如何鍵結的？
3. 同一成分的同位素有何不同？為什麼有些同位素具有放射性？
4. 礦物具有哪些物理與化學特性？
   如何利用這些特性來分辨不同的礦物？
5. 組成地球上大部分大陸地殼的成分有哪八種？
6. 地球上含量最豐富的礦物群為何？
   這些礦物都具有哪些共通特性？
7. 「礦藏」與「礦物」有什麼關聯？
   常見的含鐵與含鉛的礦藏有哪些？

　　地球的地殼與海洋，是眾多有用且重要礦物的來源。大多數人對許多常用的基本金屬都很熟悉，包括罐頭使用的鋁、電線圈使用的銅、首飾使用的金與銀等，然而有些人卻不知道鉛筆芯中含有觸感油膩的石墨，而沐浴劑的粉末和許多化妝品都含有滑石成分在內。此外，很多人也不曉得牙醫師使用的鑽頭摻入了鑽石，如此才能鑽進牙齒的琺瑯質；電腦晶片使用的矽來自常見的石英。

　　事實上，幾乎所有人造產品都有礦物成分。因此，隨著現代社會對礦物的需求日益增加，找出新的且有用的礦藏已變成最具挑戰的任務。

　　地質學家除了研究岩石與礦物的經濟效用外，還研究這些基本地球物質的特性。火山爆發、造山運動、風化和侵蝕，甚至地震等地質事件，岩石與礦物都牽涉其中，因此，要瞭解所有地質現象，就要具備岩石與礦物的基本知識。

 # 礦物：組成岩石的基本物質

　　我們從礦物學概述，著手來談地球上的物質，因為礦物是組成岩石的基本物質，此外，人類為了實用與裝飾功能而運用礦物，已有幾千年的歷史。最先開採的礦物是燧石，人們用它來製做武器與切割工具。西元前3700 年，埃及人開始挖掘金礦、銀礦與銅礦，到了西元前 2200 年，人們發現了把銅與錫結合的方法，製成更堅固、更強硬的合金——青銅。

　　之後，人們發展出一套從礦物（例如赤鐵礦）中提煉鐵的方法，這個發明為青銅器時代劃下句點。大約到了西元前 800 年，製鐵技術發展到極致，演化到連武器與日常生活用具都以鐵製作，而非銅、青銅或木頭。到

了中世紀，各種礦物的開採在全歐洲都普遍可見，而礦物的正式研究也正是時候了。

　　礦物一詞可以用在幾個不同的地方。比方說，關心身體健康的人推崇維他命與礦物質的益處；採礦業使用這個詞時，不外指從地底挖掘出來的任何東西，像是煤、鐵礦，或是砂石與礫石。「百萬小學堂」之類的猜謎比賽，通常會出現下面這樣的問句：「它是動物、植物、還是礦物？」到底地質學家用何種標準來判定某種物質是不是礦物？

　　地質學家把礦物定義如下：自然生成的無機固體，並具有整齊排列的結晶結構與明確的化學組成。因此，地球上分類為礦物的物質都具有下列特性：

1. **自然生成**　礦物在自然的地質作用中形成，而合成物質是在實驗室中生成，或是有人為介入，因此不可視為礦物。

2. **固態物質**　礦物在地表的正常溫度範圍下呈現固態，例如，冰（冷凍的水）可視為礦物，但液態水與水蒸氣則不是。

3. **整齊的結晶構造**　礦物是結晶物質，它們的原子是以整齊且重複的方式排列（圖 1.1）。我們稱為結晶的物質，一定具有內部原子整齊的排列，顯現在外的就是正多邊形的外型。有些自然生成的固體，如火山玻璃（黑曜岩），缺乏重複的原子結構，因此不可視為礦物。

4. **明確的化學組成**　大部分的礦物都是化合物，可用化學式表達其組成成分。然而，在自然界中也不難看到，一個結晶結構中的某些原子由其他相似大小的原子取代，卻沒有改變礦物的內部結構與特性的情況。因此，礦物的化學組成是可能改變的，但僅限於在某些特定且明確的條件下。

5. **通常是無機的**　無機的結晶固體，例如調味罐裡的鹽（岩鹽），是在地底下發現的自然物質，我們認定它為礦物。然而，有機化合物則通常不是礦

物。糖跟鹽一樣是結晶固體，但卻是來自甘蔗或甜菜，是常見的有機化合物。不過，許多海洋動物都會分泌無機化合物，像是碳酸鈣（方解石），以貝殼與珊瑚礁的形式存在，倘若這些物質遭掩埋，最後變成岩石的一部分，地質學家便認定它們為礦物。

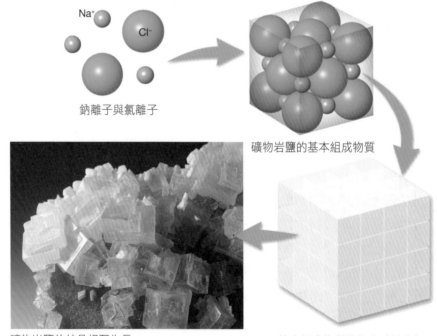

圖1.1　繪圖所示為礦物岩鹽內排列整齊的鈉原子與氯原子（離子）。原子排列成組成岩石的基本物質，具有立方體的形狀，結果會產生整齊的立方體結晶。（Photo by Dennis Tasa）

Na+

Cl-

鈉離子與氯離子

礦物岩鹽的基本組成物質

基本組成物質的集合（結晶）

礦物岩鹽的結晶相互生長

　　與礦物相比，岩石的定義就鬆散多了。簡單來說，**岩石**是由大量礦物（或類礦物）組成的任何實心物質，而且這些礦物是天然生成的，屬於地球的一部分。有些岩石幾乎完全只由一種礦物組成，最常見的例子是沉積岩類的石灰岩，是由大量不純的方解石礦物組成的。然而，大部分的岩石都是幾種不同礦物的集合體，就像圖 1.2 裡常見的花崗岩一樣。「集合體」這個詞意指那些聚集在一起的礦物，它們結合之時，各自的特性也保存了下來。請注意，組成花崗岩的礦物很容易就可以辨識出來（圖 1.2）。

　　有一些岩石是由非礦物質組成的，例如火山岩是由非結晶的玻璃物質——石黑曜岩與浮石組成，以及煤是由實心的有機碎屑物組成。

花崗岩（岩石）

石英（礦物）　　　　角閃石（礦物）　　　　長石（礦物）

圖 1.2　大部分的岩石是一種或多種礦物的集合體。圖中所示為手掌大小的火成岩——花崗岩的岩樣，以及 3 種主要的組成礦物。（Photo by E.J. Tarbuck）

考古學家發現，兩千多年以前，羅馬人就利用鉛製的水管來輸送水。事實上，西元前 500 年到西元 300 年之間，羅馬人因為精煉鉛礦與銅礦，造成了小規模卻顯著的空氣汙染，當時的證據至今還保留在格陵蘭的冰芯（ice core）裡。

雖然我們這一章主要探討的是礦物的本質，但請謹記在心，大部分的岩石只是礦物的集合體而已。由於岩石的特性主要取決於內含礦物的化學成分與結晶結構，所以我們先從這些地球基本物質開始談起，到了第 2 章，我們才會進一步談到地球上主要的岩石種類。

原子：組成礦物的基本物質

礦物經過仔細檢視，甚至放在光學顯微鏡下，都沒有辦法看到它們內部構造中的無數渺小粒子。然而，所有的物質，包括礦物，皆是由我們稱之為原子，這種非常微小的基本組成物質構成的。原子是不能用化學方法分裂或分離的最小粒子。不過，原子內部還有更小的粒子——位於原子核內的質子與中子，以及環繞於原子核外的電子（圖 1.3）。

質子、中子與電子的特性

質子和中子是非常密實的粒子，兩者的質量幾乎相同，電子的質量只

有質子的 1/2000，相形之下，幾乎沒有質量。兩相比較，假設質子或中子的質量相當於一顆棒球的話，電子不過是一顆米粒罷了。

　　質子和電子具有相同的基本特性，我們叫做電荷，質子具有電荷數 +1，電子的電荷數為 − 1。中子，顧名思義保持中性，所以不具有電荷。質子與電子所帶的電荷數相同，但極性相反，所以當兩者配對時，電荷會互相抵消。因為物質通常具有等量帶正電的質子與帶負電的電子，因此大部分物質是不帶電的。

　　在示意圖中，有時電子看起來像繞著原子核轉，就好比太陽系裡的行星繞著太陽轉一樣（圖 1.3A），然而，事實並非如此，比較真實的描繪是，電子像帶負電荷的雲一樣包圍著原子核（圖 1.3B）。電子組態的研究顯示，電子在稱做主殼層的區域圍繞原子核移動，每一殼層都有對應的能階，此外，每個殼層可容納特定的電子數，最外層含有可以和其他原子交互作用的價電子，藉此形成化學鍵結。

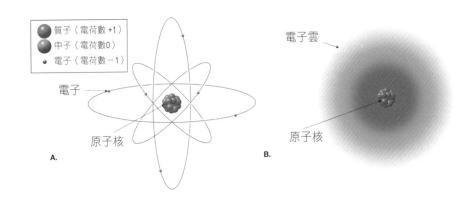

圖中左側圖例：
- 質子（電荷數 +1）
- 中子（電荷數 0）
- 電子（電荷數 −1）

電子
原子核
A.

電子雲
原子核
B.

圖1.3　兩種原子模型。
A. 原子的簡單示意圖，中間是原子核，由質子與中子組成原子核，外面有高速電子環繞。
B. 另一種原子模型顯示球狀的電子雲。請注意這兩種模型皆未按實際比例繪製。電子的大小比起質子和中子還渺小得多，而且原子核與電子殼層間的相對空間，比圖中所繪的還要大得多。

宇宙中大部分的原子（除了氫和氦），都是在超大質量的恆星發生核融合之時產生的，然後隨著超新星爆炸的光與熱釋放到星際中。當這些噴射出的物質冷卻，新形成的原子核會吸引電子，完成新的原子結構。等降到了地球表面的溫度時，所有的自由原子（未和其他原子鍵結的原子）都有了完美的配對——原子核裡每個質子都配了一個電子。

元素：由質子數定義

最簡單的原子，原子核裡只有 1 個質子，然而有些原子的原子核裡有超過 100 個質子。一個原子的原子核裡的質子數目，我們稱做原子序，原子序與該原子的化學本質很有關係；擁有相同數量質子的原子，具有相同的化學與物理特性。一群相同的原子聚在一起就形成元素，目前世界上有大約 90 種自然生成的元素，23 種合成的元素。

你可能對許多元素的名字都很熟悉，例如銅、鐵、氧、碳。既然質子的數目用來定義出元素，那麼所有的碳原子都有 6 個質子與 6 個電子，同樣的，任何含有 8 個質子的原子都是氧原子。

元素是有系統的，因此，我們把具有相似特性的元素排成一行一行，這種排列方式稱為週期表，如圖 1.4 所示。每種元素都被賦予一個由單一英文字母或雙字母組成的符號，元素的原子序與質量也都標示在週期表上。

自然生成的元素，其原子就是組成地球礦物的基本物質。少數元素，例如天然銅、鑽石與金，完全由同一種元素的原子組成，然而大多數元素傾向與其他元素的原子結合，形成化合物。大部分的礦物是化合物，是由兩種或兩種以上元素的原子組成的。

圖1.4 元素週期表

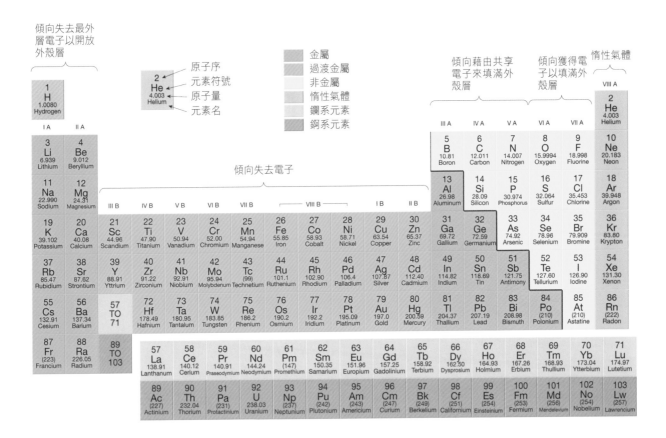

你知道嗎？

雖然木漿是製做報紙紙張的主要成分，但許多等級高一點的紙張卻含有大量的黏土礦物，事實上，這本書的每一張紙都含有 25% 的黏土（高嶺土礦物），如果把這本書裡的黏土揉成一顆球的話，大約會有一顆網球這麼大。

原子為何鍵結

除了惰性氣體那一族群的元素之外，原子在地球的溫度與壓力下，都會與其他原子鍵結。*有些原子鍵結成離子化合物，有些形成分子，有些則形成金屬。為何會有這種區別？實驗證明，電力是把原子拉在一起、相互鍵結的力。這種電性吸引力會降低鍵結原子的總能量，使它們更穩定，因此鍵結成化合物的原子，比未鍵結的自由原子更穩定。

科學家很早以前就注意到，外殼層的價電子通常與化學鍵結有關，圖 1.5 用簡單的方式表現某些元素的價電子數。請注意第 I 族的元素只有 1 個

★ 惰性氣體有氦（He）、氖（Ne）、氬（Ar）等，這些惰性氣體的外殼層價電子都是滿的，因此不太參與化學反應。

圖1.5 一些代表性元素的點圖，每一個點代表在最外圈主殼層中的一個價電子。

某些代表性元素的電子點圖							
I	II	III	IV	V	VI	VII	VIII
H·							He:
Li·	·Be·	·B·	·C·	·N·	·O:	·F:	:Ne:
Na·	·Mg·	·Al·	·Si·	·P·	·S:	:Cl:	:Ar:
K·	·Ca·	·Ga·	·Ge·	·As·	·Se:	:Br:	:Kr:

價電子，第 II 族的元素有 2 個價電子，以此類推，到第 VIII 族元素有 8 個價電子。

八隅體法則

惰性氣體（氦除外）有 8 個價電子，以非常穩定的方式排列，因此不易起化學反應。許多其他的原子在化學反應的過程中會獲得、失去或共享電子，最後達到與惰性氣體相同的電子排列。我們注意到，這個現象後來成為一個化學守則，稱為**八隅體法則**：原子會獲得、失去或共享電子，直到受到 8 個價電子包圍為止。八隅體法則雖有例外，但對於理解化學鍵結，卻是很有用的經驗法則。

當原子的外殼層沒有 8 個電子時，很可能會與其他原子進行化學鍵結，以填滿外殼層。**化學鍵結**就是轉移或分享電子，讓每一個原子的外殼層都能有滿滿的電子。有些電子利用化學鍵結把所有的價電子轉移給其他原子，如此一來，內殼層就會變成滿載的價殼層。

當元素互相轉移價電子，變成了離子之後，這些元素之間的鍵結就是**離子鍵**；當原子之間共享電子，它們之間的鍵結就是**共價鍵**；當一個物質內部的原子都共享價電子，它們之間的鍵結就是**金屬鍵**。以上任一個例子裡，進行鍵結的原子都獲得穩定的電子組態，也就是它們的最外殼層通常都有 8 個電子。

▶ 離子鍵：電子轉移

各種鍵結中最容易想像的或許要算是**離子鍵**了，離子鍵是一個原子把一個或多個價電子給其他的原子，以形成**離子**（帶正電或負電的原子）。失去電子的原子變成正離子，獲得電子的原子變成負離子，帶相反電荷的離

子會強烈的互相吸引、鍵結，形成離子化合物。

　　想像一下發生在鈉（Na）與氯（Cl）之間的離子鍵結，它們形成了氯化鈉，也就是鹽（普通食鹽）。請注意圖 1.6A 中，鈉把它單一的價電子給了氯，氯的最外殼層因此變成 8 個電子，形成穩定的電子組態。而原本帶有 7 個價電子的氯，因為獲得了鈉的那個電子，而得到能足滿最外殼層所需的第 8 個電子。因此，透過單一電子的轉移，鈉和氯原子雙方都達到了穩定的電子組態。

　　電子發生轉移後，原子不再保持電中性；電中性的鈉原子放棄一個電子後，變成帶正電（11 個質子與 10 個電子），同樣的，電中性的氯原子也因為得到一個電子，而變成帶負電（17 個質子與 18 個電子）。我們知道，帶同性電荷的離子會互相排斥，帶相反電荷的離子會互相吸引，因此離子鍵就是帶相反電荷的離子之間的吸引力，由此產生電中性的化合物。

　　圖 1.6B 描繪的是食鹽裡鈉離子與氯離子的排列方式。請注意，食鹽是由鈉離子與氯離子間隔排列所組成，每個帶正電的離子都會受帶負電的離子吸引，使每一邊都受負離子包圍，反之亦然。這樣的排列方式，會使帶相反電荷的離子，具有最大的吸引力，卻能把帶相同電荷的離子的相互排斥力降到最低。因此，離子化合物是由帶相反電荷的離子整齊排列所構成，這些帶相反電荷的離子是以固定的比例彼此聚集，使離子化合物的總電荷呈現中性。

　　化合物的特性與組成它的元素特性，迥然不同。舉例來說，鈉是銀色的軟質金屬，活性很強，毒性也強，即使你誤食的是極少量的元素鈉，都需要立即就醫。氯是綠色的有毒氣體，毒性極強，在第一次世界大戰時甚至拿來當化學武器使用。然而，這兩種元素碰在一起產生的氯化鈉，卻是無害的調味劑，我們稱為食鹽。因此，當元素結合成化合物時，原先的特性會有顯著的改變。

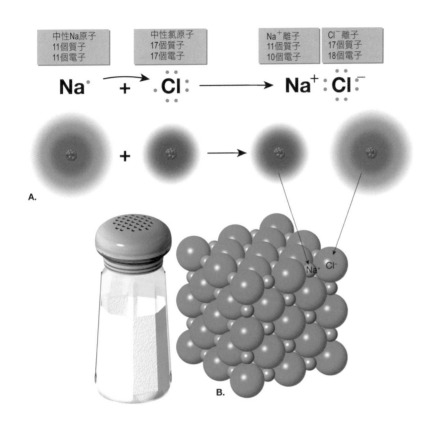

共價鍵：電子共享

有時候把原子拉聚在一起的力，很難以異性相吸的原理來理解，例子之一就是氫分子（H_2）──兩個氫原子緊緊聚在一起，沒有離子存在。把兩個氫原子拉攏在一起的強烈吸引力，來自**共價鍵**，也就是原子之間共用一對電子所形成的化學鍵結。

想像一下兩個氫原子（皆有一個質子與一個電子）互相靠近，所以它

們的軌域會重疊。兩個氫原子一旦相遇,它們的電子組態便會改變,如此一來,兩個電子將會占據兩個原子之間大部分的空間,換句話說,這兩個電子會由兩個氫原子共享,同時受兩個原子核裡帶正電的質子吸引(圖1.7)。因此是電子與兩個原子核之間的吸引力把兩個原子拉在一起。雖然氫分子裡沒有離子,但把兩個原子拉在一起的力,來自於帶相反電荷的粒子(分別是原子核裡的質子與共享的電子)之間的吸引力。

圖1.7　兩個氫原子(H)之間的共價鍵,可以形成一個氫分子(H$_2$)。當氫原子互相鍵結,電子將由兩個氫原子共享,且同時受兩個原子核裡帶正電的質子吸引。電子與兩個原子核之間的吸引力把兩個原子拉引(鍵結)在一起。

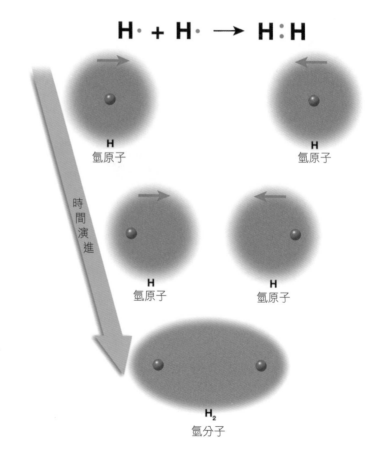

你知道嗎？

黃金的純度我們用多少 K（Karat）來表示，24K 是純金，少於 24K 的金是金與其他金屬（通常是銅或銀）的合金（混合物）。舉例而言，14K 金是由 14 份（重量）的金與 10 份的其他金屬混合而成。

金屬鍵：自由移動的電子

在金屬鍵中，價電子可以從一個原子自由移到另一個原子上，因此，所有的原子一起共享可用的價電子。在銅、金、鋁、銀以及黃銅、青銅合金等金屬中，都發現到這樣的鍵結方式。金屬鍵說明了金屬的高導電性、易塑性以及其他許多特性。

同位素與放射性衰變

簡單來說，一個原子的質量數是它的質子數與中子數的總和。同一種元素的所有原子都有相同數目的質子，但是中子數可能有所不同。具有相同質子數、卻有不同中子數的原子，就是那個元素的同位素。同一元素的同位素以它們的質量數標在元素名或元素符號的後面，比方說，碳有 3 個知名的同位素，一個的質量數是 12（碳 12），另一個質量數是 13（碳 13），第三個的質量數是 14（碳 14）。既然同一個元素的所有原子，都有相同的質子數，例如碳是 6，那麼碳 12 也有 6 個中子，質量數才會等於 12；另一方面，碳 14 有 6 個質子加上 8 個中子，質量數才會等於 14。

　　以化學特性來說，同一元素的所有同位素幾乎相同，要區分它們，猶如分辨同卵雙生的雙胞胎一般困難，可能只是體重上哥哥比弟弟重一點點而已。因為同一元素的同位素，具有相同的特性，不同的同位素常常會在同一個礦物裡出現，例如礦物方解石由鈣、碳、氧形成之時，這些碳原子有些是碳 12，有些則是碳 14。

　　大部分原子的原子核都很穩定，不過許多元素的同位素，原子核很不穩定，碳 14 就是不穩定同位素的一個例子。在本文中，「不穩定」表示原子核會經歷一種隨機的過程，叫做放射性衰變，在這個過程中，不穩定的同位素會輻射出能量，並放射出粒子。不穩定的同位素，其衰變速率是可以計算出來的，因此某些放射性原子可以用來測定化石、岩石與礦物的年齡。放射性衰變及其在地質事件定年上的應用，將在第 8 章中探討。

 # 礦物的物理特性

　　每一種礦物都有特定的結晶結構與化學組成，因此有獨特的物理與化學特性，且放諸世界皆準。舉例來說，所有的岩鹽都有相同的硬度與密

你知道嗎？

世界上最重的已切割的拋光寶石之一，是 22,892.5 克拉的金黃色黃玉（topaz），目前存放在美國史密森協會（Smithsonian Institute）。這顆重達 4.5 公斤的寶石差不多有汽車頭燈那麼大，幾乎很難當珠寶來配戴，但如果是大象來配戴的話就另當別論了。

度，破裂的樣子也差不多。若沒有精密的儀器與測試，很難判定礦物的內部結構與化學組成，因此比較容易看得出來的物理特性，就常常拿來做為辨識礦物的依據。

▶ 光學特性

在礦物的許多光學特性之中，光澤、傳播光的能力、顏色與條痕這四項，最常用來當做辨識礦物的依據。

光澤

從礦物表面反射出來的光，其外觀或品質就是所謂的光澤。不管顏色為何，看起來有金屬外觀的礦物就可說它有金屬的光澤（圖 1.8）。有些金屬礦物，像天然銅與方鉛礦，暴露在大氣環境中時，會形成一層沒有光澤的黯淡表面，因為它們沒有剛切斷的破裂面所呈現的亮度，我們常說這些無光澤的岩樣呈現的是次金屬光澤。

圖1.8　剛破裂不久的方鉛礦斷面（右），呈現金屬光澤，然而左邊的方鉛礦樣本是黯沉的，只有次金屬光澤。
（Photo by E.J. Tarbuck）

大部分礦物其實是無金屬光澤的，描述它們的形容詞也很多元，例如玻璃質的。其他非金屬礦物可能會被形容是無光彩的或是有土狀光澤（看起來像土壤般黯沉），或是珍珠光澤（像珍珠或蛤蠣殼內面）。也有些礦物表面有絹絲光澤（像染了色的布料），或是有油脂光澤（好像表面上了一層油一樣）。

傳播光的能力

另一個可以用來識別礦物的光學特性，是傳播光的能力。當光沒辦法在礦物中傳播時，我們形容這個礦物是不透明的；當光（而不是影像）可以在礦物中傳播時，我們說它是半透明的；當光與影像透過礦物皆可以看得見時，此礦物就是透明的。

顏色

雖然顏色通常是礦物最顯著的特徵，但只有寥寥幾種礦物可以用顏色來判斷。舉例來說，普通石英礦石中若有含一丁點雜質，就會帶有豐富的顏色，像是粉紅、紫色、黃色、白色、灰色、甚至黑色（圖 1.9）。其他礦物，例如電氣石也會展現許多不同的色彩，有時單一礦物樣本上就能呈現好幾種顏色。因此，以顏色識別礦物常常會出現模棱兩可的情況，甚至會發生誤判。

條痕

礦物的粉末，我們稱為條痕，通常在辨識上很好用。把礦物摩擦在條痕板（無釉陶瓷板）上，就可以得到礦物的條痕，再觀察條痕板上礦物摩擦後留下的顏色（圖 1.10）。礦物的顏色可能每個樣本都不同，但它們的條痕始終如一。

圖1.9　有些礦物，例如石英，會有各種顏色。照片中的樣本包括水晶石英（無色）、紫水晶、黃水晶與灰到黑色的煙水晶。

（Photo by E.J. Tarbuck）

圖1.10　雖然礦物的顏色對識別礦物本身不怎麼有用，但礦物粉末，也就是條痕的顏色，卻是非常有用的辨識依據。

（Photo by Dennis Tasa）

條痕在區分金屬與非金屬光澤的礦物方面也很有幫助。金屬礦物的條痕通常又深又濃，然而非金屬礦物的條痕通常是淡色的。

值得注意的是，並非所有礦物都能在條痕板上留下痕跡，比如說，如果礦物的硬度比條痕板還要硬，就不會留下條痕。

晶形或習性

礦物學家使用晶形或習性來指一個或一簇晶體典型或常見的形狀。少數幾種礦物的形狀有幾分像是正多邊形，這對於辨識它們是何礦物具有幫助，舉例來說，磁鐵礦的結晶有時會呈現八面體，石榴子石（garnet）常常是十面體，岩鹽與螢石會長成立方體或近似立方體。雖然大多數礦物只有一種常見的習性，不過有些會有兩種或多種典型的晶形，像是圖 1.11 中的黃鐵礦。

圖1.11　雖然大多數礦物只有一種常見的晶形，有些卻有兩種或多種典型的習性，例如黃鐵礦。（Photo by Dennis Tasa）

　　相較之下，有些礦物幾乎不太結晶成完美的幾何型態，然而，它們之中有許多卻可以結晶出有利於辨識的特殊形狀。有些礦物在三維方向上都成長得很平均，而有些只在其中一個方向特別長，或是在某一個方向生長受抑制而特別扁平。常常用來形容這些習性的字彙有：等軸的（equant）、刃狀的（bladed）、纖維狀的（fibrous）、板狀的（tabular）、柱狀的（prismatic）、片狀的（platy）、塊狀的（blocky）、葡萄狀的（botryoidal）（圖 1.12）。

刃狀

柱狀

帶狀

葡萄狀

圖1.12　常見的幾種結晶習性。A. 刃狀，某一個方向很扁平的長型結晶。B.柱狀，長型結晶的面平行於特定方向。C. 帶狀（banded），具有條紋、彩色紋路或紋理。D. 葡萄狀，結晶與結晶之間互相生長，看起來像一串葡萄。

「水晶」（crystal）這個名詞源自於希臘字 krystallos，字義是「冰」，後來用在稱呼石英結晶。古希臘人認為，水晶是水在地球內部因高壓而形成的結晶。

你知道嗎？

◗ 礦物強度

　　礦物在遭受應力之下，有多容易破裂或變形，取決於結晶與結晶之間化學鍵結的種類與強度。礦物學家使用韌性、硬度、解理與斷口等詞彙來形容礦物的強度，以及描繪當應力發生時礦物會如何破裂。

韌性

　　韌性是形容礦物的堅韌程度，或是它對抗破裂或變形的能力。當礦物以離子鍵鍵結，例如螢石與岩鹽，較有脆性（brittle），遭受撞擊時會破裂成小片。相較之下，以金屬鍵鍵結的礦物，像是天然銅，則具有延展性（malleable），很容易用鐵槌敲打成不同形狀。像石膏與滑石之類的礦物，可以切成薄片的特性稱為可切性的（sectile）。其他還有些礦物，尤其是雲母，具有彈性（elastic），可以折彎，且在應力消失後，會即刻回復到初始形狀。

硬度

　　礦物最有用的診斷性特徵之一是硬度，也就是礦物抵抗摩擦與刮蝕的程度。把未知硬度的礦物和已知硬度的礦物互相摩擦，就可以測定硬度，硬度的值可以從摩氏硬度表得來，這是由硬度 1（最軟）到硬度 10（最硬）的礦物組成的表格，如圖 1.13A。摩氏硬度表顯示的是相對硬度，而非絕對硬度，意思是硬度 2 的礦物石膏不代表比硬度 1 的礦物滑石要硬兩倍，事實上，石膏只比滑石硬一點點而已，請見圖 1.13B。

　　在實驗室裡，有一些其他常見的物品也可以用來判定礦物的硬度，包括人的手指甲（硬度 2.5），銅幣（硬度 3.5）、玻璃片（硬度 5.5）等。礦物石膏的硬度是 2，指甲可以很容易在上面劃出刮痕。另一方面，方解石的硬

圖1.13　硬度表
A. 摩氏硬度表，外加幾種常見物品的硬度。
B. 摩氏相對硬度表與絕對硬度表之間的關係。

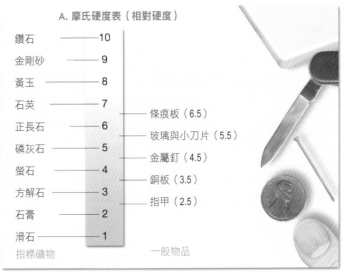

A. 摩氏硬度表（相對硬度）

指標礦物		一般物品
鑽石	10	
金剛砂	9	
黃玉	8	
石英	7	條痕板（6.5）
正長石	6	玻璃與小刀片（5.5）
磷灰石	5	金屬釘（4.5）
螢石	4	銅板（3.5）
方解石	3	指甲（2.5）
石膏	2	
滑石	1	

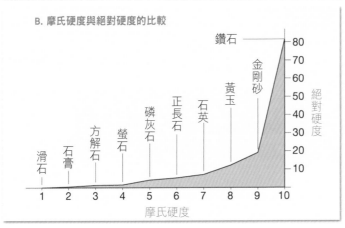

B. 摩氏硬度與絕對硬度的比較

度是 3，它可以在指甲上劃出刮痕，卻對玻璃起不了作用。石英是硬度很高的幾種常見礦物之一，它可以輕易就在玻璃上劃出刮痕；而世界上最硬的鑽石，可以在任何東西上劃出刮痕，包括其他寶石在內。

解理

在許多礦物的結晶構造中，有些原子鍵結比其他的弱，當礦物遭受應力作用時，容易沿這些脆弱的鍵結裂開。解理是指礦物沿弱鍵結面裂開的傾向（圖 1.14），但並非所有礦物都有解理，不過，具有解理的礦物，可以從它們破裂時所產生相對平滑的破裂面看出來。

最單純的解理是雲母的解理，因為雲母在某個方向的鍵結非常弱，所以會破裂成薄片。有些礦物的解理在一個、兩個、三個或多個方向上有明顯漂亮的解理，有些礦物的解理不怎麼明顯或很難分辨出來，還有一些礦物根本沒有解理。當礦物在一個以上的方向均勻破裂時，我們可以用解理方向的數目與解理面交會的角度，來描述此礦物的解理（圖 1.15）。

每一個解理面皆有各自的方向，自成一個解理方向，例如，有些礦物會裂開成六面的立方體。因為立方體的定義是由三組不同方向的平行面各相交 90°所組成，所以我們稱這些礦物的解理是三個方向的解理各交角 90°。

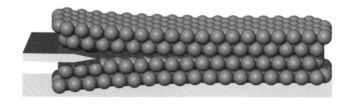

圖1.14　當礦物遭受應力作用時，容易沿這些脆弱的鍵結裂開。

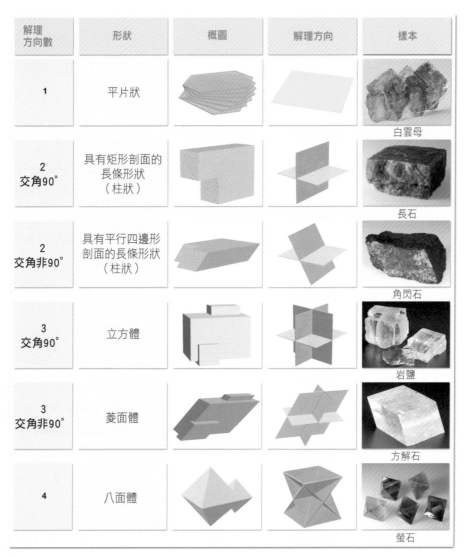

解理 方向數	形狀	概圖	解理方向	樣本
1	平片狀			白雲母
2 交角90°	具有矩形剖面的 長條形狀 （柱狀）			長石
2 交角非90°	具有平行四邊形 剖面的長條形狀 （柱狀）			角閃石
3 交角90°	立方體			岩鹽
3 交角非90°	菱面體			方解石
4	八面體			螢石

〰 **圖1.15** 常見的礦物解理方向。（Photos by E. J. Tarbuck and Dennis Tasa）

不過，請不要把解理跟晶形混淆了。當礦物具有解理，它破裂成的碎片，全部是相同的幾何形狀；相反的，石英結晶的平滑面並不是解理，石英破裂時，它的碎片形狀並不相同，也不會與原來的石英結晶長得一模一樣。

斷口

當礦物的化學鍵結在任何方向的強度都相同（或近乎相同）時，它們就具有一種特質，稱做斷口。礦物破裂時大多會產生不平整的表面，我們形容這種礦物展現的是不規則斷口。然而，有些礦物，像是石英，會破裂成光滑、彎曲的面，很像斷裂的玻璃，我們稱這種斷口為貝殼斷口（如圖1.16）。也有些礦物呈現的斷口是碎片狀或纖維狀的，就分別稱做參差斷口（splintery fracture）與纖狀斷口（fibrous fracture）。

圖1.16　貝殼斷口。礦物破裂時會像玻璃破裂時一樣，產生光滑、彎曲的表面。
（Photo by E. J. Tarbuck）

密度與比重

密度是物質的重要特性，定義成每單位體積的質量。礦物學家通常用比重這個跟密度相關的度量，來形容礦物的密度。比重是沒有單位的數值，代表的是礦物的重量與相同體積的水的重量的比值。常見造岩礦物的比重都介在 2 到 3 之間，例如，石英的比重是 2.65。相較之下，一些金屬礦物如黃鐵礦、天然銅與磁鐵礦的比重，比石英（2.65）的兩倍還大。方鉛礦，乃天然鉛礦，比重大約是 7.5，而 24K 純金的比重幾乎可達 20。

經過幾次練習之後，你就可以用手掌掂一掂礦物的重量，預估它的比重。你可以問問自己，這顆礦物跟你以前拿過的，大小相仿的石頭，比起來是不是差不多重？如果答案是肯定的，那麼這個礦物樣本的比重大約介於 2.5 至 3 之間。

礦物的其他特性

除了前面我們已經討論過的特性，有些礦物可以從其他特殊的特性分辨出來，比方說，岩鹽不過是一般的食鹽，所以可以很快的用味道分辨出來。滑石和石墨都有特殊的觸感，滑石摸起來像肥皂，石墨摸起來油油的。

此外，許多含硫礦物的條痕聞起來像是發臭的蛋。少數礦物如磁鐵礦，含有很高成分的鐵，可以受磁鐵吸附，然而有些磁性礦物根本就是天然的磁鐵，例如天然磁石（loadstone，磁鐵礦），本身就可以吸附大頭針與迴紋針之類的小型鐵製品。（請見第 77 頁圖 1.20）。

此外，有些礦物還具有特殊的光學特性，比如說透明的方解石放在印刷文字上，會顯示出雙重的文字影像，這種光學特性就是所謂的雙折射。

有一個非常簡單的化學試驗：把滴管裡的稀鹽酸滴到剛破裂的礦物表面。碳酸鹽類的礦物，遇到稀鹽酸會起泡，發出嘶嘶聲，這是因為礦物裡的二氧化碳釋放到空氣中的緣故。這個試驗對於辨別常見的碳酸鹽礦物方解石，尤其好用。

黃鐵礦常被叫做「愚人金」，因為它金黃色的外表與黃金非常相近。
黃鐵礦的英文 pyrite 源自於希臘文的「火」（pyros），
這是由於猛烈敲擊黃鐵礦時，會發出火花的緣故。

你知道嗎？

礦物族群

　　至今已有近 4,000 種礦物獲得命名，且每年都出現幾種新的礦物。幸運的是，對於剛開始接觸礦物學的學生來說，地球上含量豐富的礦物不超過幾十種！就是這幾十種礦物共同組成地殼上大部分的岩石，因此常稱它們為造岩礦物。

　　儘管蘊含量不豐富，仍有許多其他的礦物廣泛拿來製造成產品，因此稱為經濟礦物（economic mineral）。然而，並非造岩礦物就不屬於經濟礦物，當礦床裡的蘊藏量夠大時，有些造岩礦物也可以成為重要的經濟礦物。方解石就是一例，它是沉積岩類石灰岩裡的主要成分，功用很廣泛，其中包括製成水泥。

　　值得注意的是，只有 8 種元素就組成了大部分的造岩礦物，占去了大陸地殼超過 98% 的重量（圖 1.17）。這些元素以蘊含量的多寡順序列出，分別是氧（O）、矽（Si）、鋁（Al）、鐵（Fe）、鈣（Ca）、鈉（Na）、鉀（K）、鎂（Mg）。如圖 1.17 所示，氧與矽是現今地殼裡最常見的兩種元素，此外，這兩種元素很容易結合，形成最常見的礦物族群——矽酸鹽類的基本組成物質。目前已知的矽酸鹽類礦物超過 800 種，而地殼裡 90% 的礦物都是矽酸鹽類。

　　由於其他礦物族群在地殼的含量，遠比矽酸鹽類要少許多，因此常把它們全歸類在非矽酸鹽類族群。這些礦物在地球的含量雖然不及矽酸鹽類豐富，但有些非矽酸鹽類礦物在經濟層面上非常重要，其中的鐵與鋁讓我們製造汽車，石膏讓我們用於蓋房子所需的灰泥與石膏板，銅讓我們製造銅線，運送電力，連線到網路。常見的非矽酸鹽類族群包括碳酸鹽類、硫

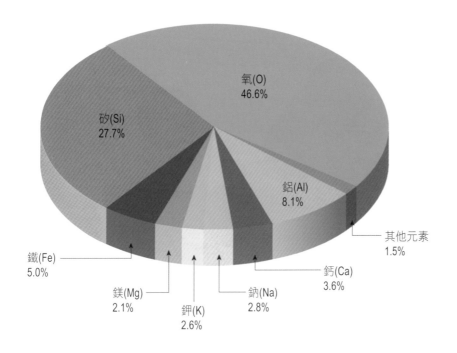

/////////////////////////////////////
圖1.17　大陸地殼中最常見的
8種元素之間的相對蘊含量。

氧(O)
46.6%

矽(Si)
27.7%

鋁(Al)
8.1%

其他元素
1.5%

鐵(Fe)
5.0%

鎂(Mg)
2.1%

鉀(K)
2.6%

鈉(Na)
2.8%

鈣(Ca)
3.6%

酸鹽類與鹵化物，它們除了在經濟上有重要性，這些礦物族群裡也包含了
沉積物與沉積岩裡的主要組成礦物。

　　我們首先來探討最常見的礦物族群矽酸鹽類，爾後再討論一些主要的
非矽酸鹽類礦物族群。

▶ 矽酸鹽類

　　每一種矽酸鹽類礦物都含有氧原子與矽原子。除了石英等少數幾種礦
物，大多數的矽酸鹽類礦物都含有一種或幾種額外的元素，使結合成電中性
的化合物，因此矽酸鹽類礦物的種類繁複，也造就了各式各樣的礦物特性。

　　所有的矽酸鹽類都有相同的基本構造──*矽氧四面體*（由四個氧原子

圖1.18
矽氧四面體的兩種構造圖示。
A. 四顆紅色的大球代表氧原
子，藍色的小球代表矽原
子，圖中所繪球的大小，與
實際原子半徑成比例。
B. 四面體展開後的樣子，四個
氧原子分別占據四個頂角。

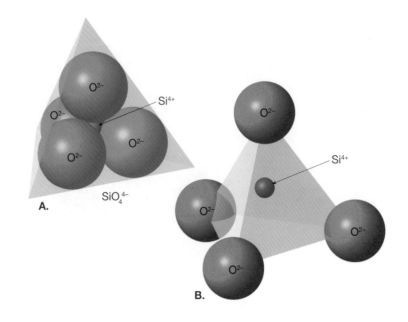

環繞一個非常小的矽原子組成，如圖 1.18 所繪。因此，一個普通拳頭大小
的矽酸鹽類礦物樣本，內含了幾百萬個這樣的矽氧四面體，以多樣的方式
結合在一起。

在有些礦物中，四面體因互相分享氧原子而連接成鏈狀、片狀或三維
的網絡（圖 1.19），而這些較大的矽酸鹽構造再藉其他元素彼此連接，這些
連接矽酸鹽構造的元素主要有鐵、鎂、鉀、鈉與鈣。

我們把主要的幾種矽酸鹽類礦物與其常見的礦物實例列在圖 1.19 裡。
長石類是目前存在最豐富的礦物，地殼內 50% 都是長石類礦物。石英則是
大陸地殼含量第二多的礦物，也是唯一只由矽與氧組成的常見礦物。

請注意圖 1.19 中的每一類礦物都有獨特的矽酸鹽構造。這些礦物的內
部構造與其展現的解理之間存在一種關係：由於矽─氧的鍵結很強，矽酸

礦物／化學式	解理	矽酸鹽構造	礦物實例
橄欖石類 $(Mg, Fe)_2SiO_4$	無	單四面體 	 橄欖石
輝石類（普通輝石） $(Mg,Fe)SiO_3$	2個面交角 90°	單鍊 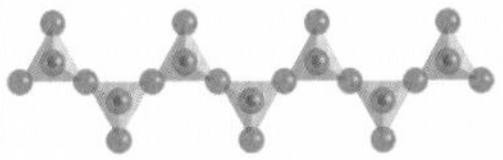	 普通輝石
角閃石類（角閃石） $Ca_2(Fe,Mg)_5Si_8O_{22}(OH)_2$	2個面交角 60°與120°	雙鍊 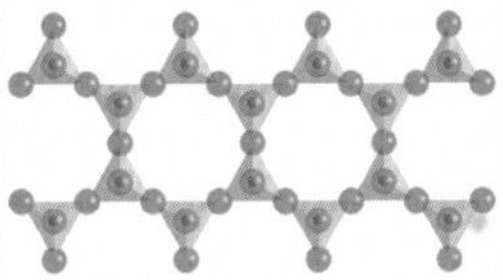	 角閃石
雲母類 **黑雲母** $K(Mg,Fe)_3AlSi_3O_{10}(OH)_2$	1個面	片狀 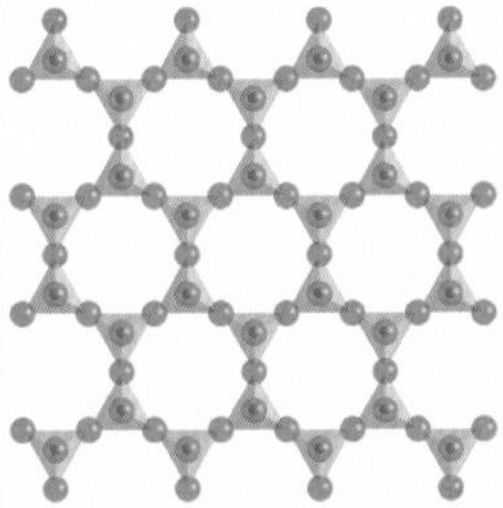	 黑雲母
白雲母 $KAl_2(AlSi_3O_{10})(OH)_2$			 白雲母
長石類 **鉀長石（正長石）** $KAlSi_3O_8$ **斜長石** $(Ca,Na)AlSi_3O_8$	2個面交角 90°	三維網絡 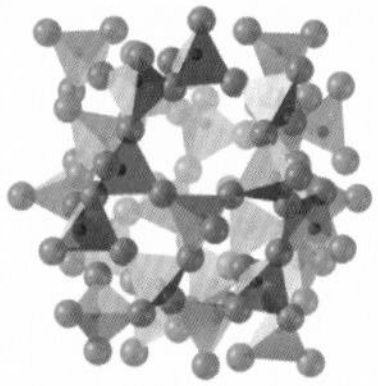	 鉀長石
石英 SiO_2	無		 石英

圖 1.19　常見的矽酸鹽類礦物。請注意，愈往圖表下方，矽酸鹽構造的複雜度就愈高。

鹽類礦物破裂時，傾向在矽—氧結構與結構之間裂開，而不是穿過矽—氧結構。比方說，雲母是片狀結構，因此會傾向裂開成一片片的。石英的矽—氧鍵結在任何方向都同樣強，沒有解理，卻有斷面。

矽酸鹽類礦物是如何形成的呢？大部分是在熔岩冷卻時結晶而成的。這種冷卻作用可以在地表或接近地表（低溫低壓）處發生，也可以是在地球深處（高溫高壓）。結晶作用發生時的環境與熔岩本身的化學成分，就大致決定了哪些礦物會生成。例如，矽酸鹽類礦物橄欖石是在高溫環境（約1200℃）中結晶而成的，然而石英結晶時的溫度卻低得多（約700℃）。

此外，有些在地表形成的矽酸鹽類礦物，是來自於其他矽酸鹽礦物風化後的產物，也有些是在跟造山運動有關的極大壓力下生成的。所以，每一種矽酸鹽類礦物的構造與化學成分，都能透露出它是在什麼樣的條件下生成的；正因如此，地質學家藉由仔細檢視組成岩石的礦物，通常可以判定此岩石是在甚麼樣的環境條件下形成的。

你知道嗎？

貴重寶石往往與其礦物母體不同名。舉例來說，藍寶石與另一種寶石源自於同一種礦物——金剛砂。金剛砂裡微小量的鈦元素與鐵元素造就了價值非凡的藍寶石；當金剛砂裡含有鉻時，就會呈現閃亮的紅色，這種寶石叫做紅寶石。

你知道嗎？

市售的可凝結貓砂，多半含有一種稱為膨土的天然礦物。膨土的主成分為有高度吸水力的黏土礦物，在溼度下會膨脹結塊，讓貓的排遺可以隔離，容易舀出，好留下乾淨的貓砂。

重要的非矽酸鹽類礦物

　　雖然非矽酸鹽類礦物只占了地殼組成的 8%，有些像是石膏、方解石與岩鹽等，卻是組成沉積岩的主要礦物。此外，其他許多非矽酸鹽類礦物非常具有經濟價值。表 1.1 列出幾種非矽酸鹽類礦物族群，以及一些礦物實例，其中，最常見的幾種非矽酸鹽類礦物分別屬於不同的族群——碳酸鹽類（CO_3^{2-}）、硫酸鹽類（SO_4^{2-}）與鹵化物（Cl^{1-}、F^{1-}、B^{1-}）。

　　碳酸鹽類礦物的結構比矽酸鹽類礦物簡單得多，這類礦物是由碳酸根離子（CO_3^{2-}）與一種或多種帶正電的離子所組成。最常見的碳酸鹽礦物是方解石（碳酸鈣），它是兩種知名岩石的主要成分——石灰岩與大理石。石灰岩的用處很廣，包括鋪路用料、建材、而且是水泥的主成分。大理石主要用來裝飾住家、商店與宗教神殿。

　　另外有兩種常可以在沉積岩中找到的非矽酸鹽類礦物是岩鹽與石膏，這兩種礦物往往存在於厚層沉積岩中，它們是已經蒸發千古的古海洋的遺跡。跟石灰岩一樣，岩鹽與石膏也是重要的非金屬資源。岩鹽是食鹽（$NaCl$）的礦物名，石膏（$CaSO_4 \cdot 2H_2O$）是硫酸鈣與水結合成的結構，是灰泥與其他類似建材的組成成分。

　　大部分的非矽酸鹽礦物族群中，都會有幾種礦物因為它們的經濟價值而受到重視，其中包括氧化物族群中的赤鐵礦與磁鐵礦，它們是重要的鐵礦礦石（圖 1.20）。同樣重要的是硫化物，基本上是硫與一種或多種金屬的化合物，重要的硫化物礦物有方鉛礦（鉛）、閃鋅礦（鋅）與黃銅礦（銅）。此外，包括金、銀、碳（鑽石）等天然元素，加上其他許多非矽酸鹽類礦物——螢石（煉鋼用的助熔劑）、金剛砂（寶石、研磨用）與鈾（鈾礦），都是具有經濟價值與重要性的礦物。

表1.1：常見的非矽酸鹽類礦物群

礦物群	名字	化學式	經濟作用
氧化物	赤鐵礦	Fe_2O_3	鐵礦、顏料
	磁鐵礦	Fe_3O_4	鐵礦
	金剛砂	Al_2O_3	寶石、研磨
	冰	H_2O	水的固態
硫化物	方鉛礦	PbS	鉛礦
	閃鋅礦	ZnS	鋅礦
	黃鐵礦	FeS_2	硫酸產品
	黃銅礦	$CuFeS_2$	銅礦
	辰砂	HgS	汞礦
硫酸鹽	石膏	$CaSO_4 \cdot 2H_2O$	灰泥
	硬石膏	$CaSO_4$	灰泥
	重晶石	$BaSO_4$	鑽井泥漿
天然元素	金	Au	交易、首飾
	銅	Cu	電導體
	鑽石	C	寶石、研磨
	硫	S	磺胺類藥物、化學藥品
	石墨	C	鉛筆芯、乾性潤滑劑
	銀	Ag	首飾、攝影業
	白金	Pt	催化劑
鹵化物	岩鹽	NaCl	食鹽
	螢石	CaF_2	煉鋼用
	鉀鹽	KCl	肥料
碳酸鹽	方解石	$CaCO_3$	水泥、石灰
	白雲石	$CaMg(CO_3)_2$	水泥、石灰

A. 磁鐵礦

B. 赤鐵礦

圖1.20　兩種重要的鐵礦礦石
（Photo by E. J. Tarbuck）

石膏是白色接近透明的礦物，最初把它當做建築材料使用是西元前 6000 年左右在安那托利亞（Anatolia，今日的土耳其）這個地方。埃及大金字塔裡面也找得到石膏，時間可追溯到大約西元前 3700 年。今天，美國平均每戶新住宅都會使用約 7 公噸的石膏，換算成牆板面積的話，足足有 540 平方公尺。

你知道嗎？

礦物資源

　　礦物資源是地球儲藏有用礦物的寶庫，可以開採使用。礦物資源包含 (1) 已發掘的礦藏 —— 我們可以從中有效採擷礦物，稱為儲量，(2) 已知為礦藏，但以當今的經濟條件或科技仍無法取得，(3) 根據地質證據推測存在的礦藏，也可視為礦物資源。

礦石這個詞的意思是有用的金屬礦物，可開採以獲得利益，但是在日常生活使用中，「礦石」也可以用於一些非金屬礦物，像是螢石與硫。不過，當材料在做下列的使用時，通常不稱為礦石：建材、鋪路、研磨、陶瓷與肥料，我們把它們歸類為工業用石材與礦物。

記得我們說過，地殼裡有 98% 的成分是由區區 8 種元素組成的，除了氧與矽，其他所有元素只占了常見地殼岩石相當小的一部分（請參見第 71 頁圖 1.17）。的確，地殼岩石裡大多數元素的天然含量都非常少。一塊石頭所含有貴重元素（比如說金），如果與貴重元素在地殼內的平均含量相當的話，則不具經濟價值，因為把它從石頭裡提取出來的成本，大大超過元素本身的價值。

元素在石頭裡的含量必須超過它在地殼內的平均含量，才具備開採的經濟價值。舉例來說，銅約占了地殼成分的 0.0135%，那麼，一處可以稱為銅礦石的礦藏，銅的含量應該要有這個值的 100 倍。另一方面，鋁占地殼成分的 8.13%，若要有效益的從岩層裡提煉鋁，鋁的含量只要約莫它在地球含量的 4 倍就可以了。

有一點很重要，請務必理解：經濟面的變化，會影響礦藏是否具有開採效益。假使某種金屬的需求量增加，且價位上漲得夠高的話，過去不具經濟價值的礦藏，可能瞬間揚眉吐氣。如果開採技術進步，讓開採成本降低的話，過去不屑開採的礦物，也可能晉身成為能賺錢的礦藏。這種情況可以由美國猶他州賓漢谷（Bingham Canyon）銅礦場做最好的實證（圖 1.21）。賓漢谷是世界上最大的露天採礦場之一，但是開採工作在 1985 年暫停，因為老舊的採礦器具讓開採成本高過銅的賣價。礦場主人於是更換了老舊的 1000 車廂鐵路，改用輸送帶與管路取代，運送銅礦與廢料。這些機具把生產成本降低將近 30%，讓採礦工作重新符合經濟效益。

圖1.21　美國猶他州鹽湖城附近的賓漢谷銅礦場鳥瞰圖。這個大型的露天礦場占地將近4公里寬、900公尺深。儘管岩層裡的銅含量不足1%，但每日大量開採與處理的土石（約20萬公噸）卻也生產出巨量的銅金屬。（Photo by Loco Steve/flickr）

重點觀念回顧

■ 礦物是天然生成的無機固體，具有井然有序的結晶構造與特定的化學成分。大多數的岩石都是由兩種或多種礦物組成的集合體。

■ 組成礦物的基本物質是元素。原子是物質的最小粒子，卻仍然保留元素的特性。每一個原子都有原子核，包含了質子與中子，環繞原子核的是電子。原子核裡的質子數目決定該原子的原子序，以及元素的名稱。原子與原子鍵結，藉由獲得、失去與共享電子，形成化合物。

■ 同位素是同一元素的變異體，具有不同的質量數（原子核裡的中子與質子數目總和）。有些同位素很不穩定，在所謂放射性衰變的過程中會自然衰變。

■ 礦物的特性包括晶形（習性）、光澤、顏色、條痕、硬度、解理、斷口與密度（或比重）。此外，一些特別的物理與化學特性（味道、氣味、彈性、觸感、磁性、雙折射與對鹽酸的化學反應），對於辨識某些礦物也非常有用。每一種礦物都有一組可供辨識的獨特特性。

■ 在將近 4000 種礦物中，組成地殼岩石的礦物（分類為造岩礦物）只有幾十種，這些礦物大部分是由 8 種元素（氧、矽、鋁、鐵、鈣、鈉、鉀、鎂）組成的，占去大陸地殼超過 98% 的重量。

■ 最常見的一類礦物是矽酸鹽類礦物。所有的矽酸鹽類礦物都有矽氧四面體當基本構造，在某些矽酸鹽類礦物中，四面體是連接成鍊狀的，有些是交結成片狀或三維的網絡。每一種矽酸鹽礦物的構造與化學組成皆能說明它是在何種環境下形成的。而非矽酸鹽類礦物則包括氧化物（如磁鐵礦，提煉出鐵）、硫化物（如閃鋅礦，提煉出鋅）、硫酸鹽類（如石膏，用於灰泥，常存在於沉積岩中）、天然元素（如石墨，乾性潤滑劑）、鹵化物（如岩鹽，普通食鹽，常常存在於沉積岩中）以及碳酸鹽類（如方解石，用於水泥，是石灰岩與大理石兩種知名岩石的主要成分）。

■ 礦石這個詞指的是有用的金屬礦物，像是赤鐵礦（提煉出鐵）與方鉛礦（提煉出鉛），可開採以獲得利益，以及某些內含有用物質的非金屬礦物，像是螢石與硫。

關鍵名詞解釋

八隅體法則 octet rule 原子的結合是為了讓每個原子都能有惰性氣體的電子組態，也就是外層的能階具有 8 個價電子。

中子 neutron 存在於原子核內的粒子，呈電中性，質量大約等於一個質子的質量。

元素 element 不能夠再藉由一般化學或物理方法分解的最小物質。

化合物 chemical compound 由兩個或多個元素以特定比例化學鍵結成的物質，它的特性通常與其組成元素的特性有所差異。

化學鍵結 chemical bond 物質內的原子之間所存在的一股很強的吸引力，涉及電子的轉移與共享，使每個原子都能獲得滿載的價殼層。

比重 specific gravity 一個物質的重量與相同體積的水重量的比值。

光澤 luster 礦物表面反射出光線的樣貌及質地。

共價鍵 covalent bond 原子之間共用一對電子所形成的化學鍵結。

同位素 isotope 同一元素但有多種不同的質量數；原子核內的質子數量相同，但中子數量不同。

岩石 rock 已固結的礦物混合物。

放射性衰變 radioactive decay 某些不穩定的原子核自然衰變的歷程。

矽氧四面體 silicon-oxygen tetrahedron 以 4 個氧原子圍繞 1 個矽原子組成的結構，是矽酸鹽類礦物的基本構造。

矽酸鹽類 silicate 任何具有以矽氧四面體為基本構造的礦物。

金屬鍵 metallic bond 所有金屬中皆存在的化學鍵，電子可以從一個原子自由的移到另一個原子，是電子共享的極致。

非矽酸鹽類 nonsilicate　不具有矽氧四面體的礦物。

原子 atom　以元素之姿存在的最小粒子。

原子核 nucleus　原子內體積小、質量卻很重的核心，內含所有帶正電的粒子，並占有大部分的質量。

原子序 atomic number　原子核內的質子數目。

密度 density　特定物質在單位體積內的重量。

條痕 streak　礦物成粉末形態時的顏色。

習性 habit　一個或一簇晶體典型或常見的形狀。請參考：「晶形」。

造岩礦物 rock-forming mineral　幾十種含量最豐富的礦物，它們組成了最常見的岩石。這些礦物多半富含氧和矽（矽酸鹽類礦物）。

晶形 crystal shape　一個或一簇晶體典型或常見的形狀。請參考：「習性」。

硬度 hardness　礦物抵抗刮蝕的程度。

週期表 periodic table　把所有化學元素，依照週期性關係，以及相關性質，列出而成的表。

韌性 tenacity　形容礦物的堅韌程度，或是它對抗破裂或變形的能力。

解理 cleavage　礦物沿著弱鍵結面破裂的傾向。

電子 electron　原子內帶負電的粒子，質量小到可以忽略，存在於原子核的外圍。

價電子 valence electron　位於原子最外電子層的電子，在決定元素如何與其他元素進行化學反應時很重要。

摩氏硬度表 Mohs scale　由硬度 1（最軟）到硬度 10（最硬）的礦物組成的表格，顯示的是相對硬度，而非絕對硬度。

質子 proton　存在於原子核裡的帶正電的粒子。

質量數 mass number　原子核內的中子與質子數目的總和。

儲量 reserve　已經確定可以從中提煉出具經濟效益礦物的礦藏。

斷口 fracture　岩石的斷裂或破裂處，沿著裂痕看不到有移動的跡象發生。

離子 ion　帶正電或負電的原子

離子鍵 ionic bond 一個原子把一個或多個價電子給其他的原子，以形成離子（帶正電或負電的原子）。

顏色 color 明顯的礦物特徵，但通常不足以依賴為診斷性的特徵。

礦石 ore 通常是指可開採並具有利潤的有用金屬礦物。此名詞也可用於某些非金屬礦物，例如螢石和硫。

礦物 mineral 自然發生的無機結晶物質，具有獨特的化學組成。

礦物資源 mineral resource 現在即可開採或有朝一日可供開採，以及所有已發現或未發現的有用礦物礦床。

礦物學 mineralogy 是運用物理、化學方法等不同領域來研究礦物的物理、化學性質、晶體結構、自然分布和狀態的科學。

1. 請簡單描述地球上的某種物質，應具備哪 5 種特性才可以視為礦物。

2. 請定義「岩石」這個名詞。

3. 請列出原子內的三種主要粒子，並解釋三者有何不同。

4. 如果某個原子內的電子數目為 35，質量數為 80，請計算出下列三種數值：

   a. 質子數

   b. 原子序

   c. 中子數

5. 原子為何會變成離子？

6. 何謂同位素？

7. 儘管礦物內都有整齊的原子排列方式（結晶結構），大多數的礦物樣本從外表上，都看不出它們的結晶型態，為什麼？

8. 為什麼利用顏色可能難以真正辨識出礦物？

9. 假設你在搜尋岩石的過程中，發現一種外表為玻璃質的礦物，希望它是鑽石，此時你可以用何種簡單的測試方法來做確認？

10. 表 1.1（第 76 頁）中列出金剛砂的功用之一是研磨。請解釋就摩氏硬度表而言，金剛砂為何是優質的研磨材料？

11. 黃金的比重幾乎有 20。假設一桶 5 加侖的水重達 40 磅，那麼一桶 5 加侖的黃金重量為何？

12. 請問地殼內最常見的兩種元素為何？

13. 請問哪一個詞可以用來形容所有矽酸鹽類礦物的基本構造？

14. 請問地殼內最常見的兩種矽酸鹽類礦物為何？

15. 請問岩石內含量最豐富的三種非矽酸鹽類礦物為何？

16. 請比較礦物資源與礦物儲量。

17. 請問有何原因會使過去所認知的一處非礦藏重新歸類為礦藏？

岩石
—— 固態地球物質

學習焦點

留意以下的問題，
對掌握本章的重要觀念將相當有幫助：

1. 什麼是岩石圈？它為何重要？
2. 岩石有哪三大類？在每一類形成的過程中發生了何種地質作用？
3. 哪兩種標準可用來分類火成岩？
4. 風化作用主要分為哪兩種？與它們相關的地質作用為何？
5. 請列舉常見的碎屑沉積岩與化學沉積岩名稱，以及生成環境。
6. 請列舉常見的變質岩名稱、岩理以及生成環境。

　　為什麼要研究岩石？你已經學過某些岩石與礦物具有非常高的經濟價值。此外，地球上發生的所有作用，在某方面都取決於這些地球基本物質的特性，像火山噴發、造山運動、風化、侵蝕甚至地震，都牽涉到岩石與礦物。因此，擁有地球物質的基本知識，對於我們瞭解大部分地質現象很重要。

　　每一塊岩石都隱含了生成當時的環境線索，舉例而言，有些岩石幾乎全是由貝殼碎片組成的，這一點告訴地球科學家，它們是在淺海環境生成的。有些岩石包含的線索指出，它們是在火山噴發的過程中形成的，或是造山運動時在地球深處生成的。所以說，在地球歷史的長河中發生的大大小小事件，都會在岩石中留下豐富的線索與信息。

　　岩石依據生成時經歷的地質作用，可分為三大類：火成岩、沉積岩與變質岩。在探討每一類岩石之前，我們先來看一下岩石循環，它描繪出各類岩石之間的關係。

 # 地球系統：岩石循環

　　當我們檢視岩石循環的過程時，最能生動的闡明出地球本身是一個系統的概念。岩石循環讓我們看到地球系統的許多部分與過程之間的交互作用關係（圖 2.1），並幫助我們瞭解火成岩、沉積岩與變質岩的起源，以及它們之間的關聯。此外，岩石循環的圖裡也說明了，任何類型的岩石，在適合的環境與條件下，皆可以轉變成其他任一種類型。

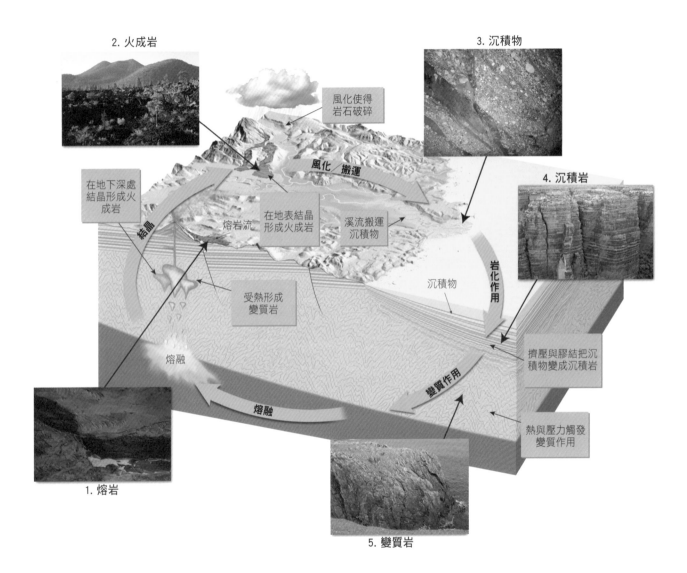

2. 火成岩

3. 沉積物

風化使得
岩石破碎

風化　搬運

4. 沉積岩

在地下深處
結晶形成火
成岩

在地表結晶
形成火成岩

溪流搬運
沉積物

結晶

熔岩流

沉積物

岩化作用

受熱形成
變質岩

熔融

擠壓與膠結把沉
積物變成沉積岩

變質作用

熔融

熱與壓力觸發
變質作用

1. 熔岩

5. 變質岩

⫽ **圖2.1　岩石循環圖**
⫽ 把悠長的時間濃縮來看，岩石不斷在進行「成岩、轉變與再成岩」的過程。岩石循環幫助我們瞭解三種基本岩石的來
⫽ 源。箭頭代表的是一種類型的岩石轉變到另一種岩石之間所發生的地質作用。

基本循環

我們先從岩漿開始討論岩石的循環。岩漿是熔融的岩石，主要出現在地殼與上部地函裡，岩漿一旦形成，通常會往地表上湧，這是因為它的密度比周圍的岩石來得低。偶爾，岩漿會抵達地表，噴發成為熔岩，而熔岩不管是在地表下還是隨火山噴發而流出地表，最終還是會冷卻與凝固，這個過程稱為結晶作用或固化作用。無論是何種情況，最後變成的岩石就叫做火成岩。

如果火成岩暴露在地表，便會經歷風化作用。風化是大氣日復一日的作用，慢慢碎裂與分解岩石，產生鬆散的物質，這些鬆散的物質往往會因重力被搬運到低處，然後又受其他單一或多種侵蝕營力（如流水、冰川、風或海浪）帶起，並搬運至他處，最後這些細小碎粒以及溶解的物質（稱為沉積物）會沉澱下來。

雖然大部分的沉積物最終都來到大海安息，但還是有其他的沉積地點，包括河流沖積平原、沙漠盆地、沼澤與沙丘。

接下來，沉積物會經歷岩化作用，顧名思義，是「轉化成岩石」的過程。當沉積物遭其上覆蓋的物質重量壓實，或是受滲入的地下水含的礦物質填滿縫隙而膠結時，沉積物通常會岩化成沉積岩。

假使形成的沉積岩深埋入地底，或是牽扯進造山運動的動力環境中，沉積岩將遭受極大的壓力與強烈的高溫，這時沉積岩可能會對周遭環境的改變做出反應，變成第三類岩石——變質岩。若變質岩持續遭受更高溫度的荼毒，就可能會熔融，變成岩漿或熔岩，整個循環會再度開始。

儘管岩石看起來可能很穩定，像是一成不變的龐然大物，岩石循環卻告訴我們，事實並非如此。不過，改變需要時間，有時要花上幾百萬年或甚至幾十億年，不僅如此，整個地球都在上演岩石循環的戲碼，而且從未

間斷過，只是不同地點進行不同的階段。在今日，新的岩漿正在夏威夷群島下方形成，同時美國科羅拉多州洛磯山脈的岩石卻慢慢受風化與侵蝕作用而磨損，有些風化下來的岩屑最終會被帶往墨西哥灣，加入已經累積多時的厚實沉積物的行列。

▶ 不同的道路

　　岩石其實不需要按照我們所敘述的順序來進行循環，也有可能走其他的路徑。舉例來說，火成岩可能不會暴露在地表受到風化與侵蝕作用，而是持續深埋在地下，最後這些火成岩可能會因為造山運動而受到強勁的擠壓力與高溫，直接轉變成變質岩。

　　變質岩與沉積岩，包括沉積物，並不會永遠深埋在地底，因為覆蓋在它們上方的岩層，有朝一日可能會遭侵蝕、損耗，讓這些深埋在地下的岩層暴露於地表。那時，它們會受風化作用侵襲，化身為未來沉積岩的原料。

　　同樣的，在地下深處形成的火成岩也可能上升至地表，風化後轉變成為沉積岩。不然，就是火成岩持續留在地底，承受造山運動產生的高溫與壓力，可能因而發生變質或甚至熔融。

　　長時間下，岩石可能轉變成任何一種岩石，或甚至變成迥然不同的型態，因為岩石循環的路徑多如牛毛，沒有一成不變的道路。

　　到底是什麼驅使岩石進行上述的循環？地球內部的熱是形成火成岩與變質岩的始作俑者，而風化作用與搬送風化過物質的搬運作用，是外部作用，由太陽的能量驅動而成。外部作用會產生沉積岩。

火成岩：「由火形成」

　　在討論岩石循環中提到，**火成岩**是岩漿冷卻與結晶時形成的。不過，什麼是岩漿？它的來源為何？**岩漿**是熔融的岩石，產生自地函中部分熔融的岩石，少部分則來自於下部地殼。熔融岩漿的主要元素與矽酸鹽礦物裡的主要元素無異；矽與氧是岩漿的主要成分，參雜少量的鋁、鐵、鈣、鈉、鉀、鎂及其他元素。岩漿裡含有一些氣體，尤其是水蒸氣，因上覆岩石的重量（壓力）而箝制在岩漿體內。

　　岩漿體一旦形成，便可輕易往地表上升，因為比起周圍的岩石，岩漿的密度要小得多。有時候熔岩會抵達地表，我們稱為**熔岩流**，當逸散的氣體推動熔岩向上湧時，熔岩流有時會像噴泉一樣噴出地面。更有些時候，岩漿從火山裂口劇烈噴出，造成壯觀的火山噴發，就像 1980 年美國聖海倫斯火山爆發事件那樣。然而，大部分的火山噴發都不是猛烈的，反而是寧靜的流出熔岩流。

　　因熔岩在地表固化而形成的火成岩，可歸類為**噴出型**或**火山型**。噴出型火成岩在美國的西部地區分布廣泛，包括喀斯開山脈（Cascade Range）的火山錐以及哥倫比亞高原上遼闊的熔岩流皆是。此外，許多海洋中的島嶼，包括夏威夷群島，幾乎全是由火山岩組成的。

　　不過，大部分的岩漿在抵達地表前就失去了流動力，最終在地下深處結晶，像這樣在地下深處形成的火成岩，名為**侵入型**或是**深成型**火成岩。侵入型火成岩會一直深埋在地下深處，除非這部分的地殼上升或上覆岩層受侵蝕耗盡，才有可能暴露於地表。在美國的許多地方都可見到侵入型火成岩，例如新罕布夏州的華盛頓山（Mount Washington）、喬治亞州的石頭山

（Stone Mountain）、南達科塔州的黑山（Black Hills，圖 2.2）以及加州優聖美地國家公園。

圖**2.2**　座落在美國南達科塔州黑山的拉什莫爾山國家紀念公園（Mount Rushmore National Memorial），幾位總統的雕像是刻劃在侵入型花崗岩上。這樣大體積的火成岩，是在地下深處慢慢冷卻後，才上升至地表的，上覆的岩層也已經侵蝕殆盡。（Photo by mahalie / Flickr）

你知道嗎？

西元 79 年，義大利維蘇威火山劇烈爆發，整個龐貝城（Pompeii，今日那不勒斯 Naples 附近）都掩埋在數公尺厚的浮石（pumice）與火山灰之下。幾世紀後，龐貝城附近建立了幾個新的城鎮，但一直到 1595 年，因為一項開發計畫，才終於發現龐貝城的遺跡。如今，每年有成千上萬的遊客駐足、流連在古龐貝城內的商店、酒館與住宅遺跡內參觀。

從岩漿到結晶岩

岩漿是非常高溫的濃稠液體，內含固體物質（礦物結晶）與氣體。岩漿體的液態部分是由可自由移動的原子組成，當岩漿冷卻、自由活動減慢，原子便開始排列成有秩序的型態，這樣的過程稱為結晶作用。隨著冷卻持續進行，會生成愈來愈多小結晶體，原子便有系統的加入結晶的生長。結晶愈長愈大，一直到彼此的邊緣互相接觸，就會因為缺乏空間而減緩生長。最後，所有的液態部分都將轉變成相互交鎖的固體。

岩漿冷卻的速率大幅影響了結晶的大小，假使岩漿冷卻的速率非常慢，原子就有充分的時間移動較長遠的距離，因此緩慢冷卻會形成大的結晶體。另一方面，如果冷卻速率快，原子移動的速率變慢，就會很快的與鄰近原子結合，這樣的結果會產生許多細小結晶，為了游離的原子彼此互相爭奪，因此快速冷卻會生成富含細小結晶的固團塊。

如果地質學家看到的火成岩，裡面的結晶大到足以用肉眼就看得見，表示它是從地下深處的熔岩慢慢冷卻形成的。但假若火成岩內的結晶，小到必須靠顯微鏡才可以清楚看見，地質學家就會知道，這火成岩是來自快速冷卻的岩漿，而且是在地表處或接近地表處生成的。

如果熔岩幾乎是瞬間冷卻，沒有足夠的時間讓原子自己排列到結晶網絡中，以這種方式形成的岩石，由任意分布的原子組成，我們稱這種岩石為玻璃質，與普通人造的玻璃非常類似。「瞬間」冷卻有時會發生在猛烈的火山噴發過程中，其間會產生極細小的玻璃質碎片，我們稱為火山灰。

除了冷卻的速率，岩漿的組成以及溶解的氣體多寡，也會影響結晶狀況，因為只要其中一方面有所不同，都足以造成火成岩的外觀與礦物組成上的迥然差異。不過，我們仍可以根據火成岩的岩理與礦物組成，來將其分類。

你知道嗎？

在石器時代，火山玻璃（黑曜岩）是拿來製做成切割工具的。如今，黑曜岩做成的解剖刀用在精細的整形外科上，因為它們產生的疤痕較細。美國密西根大學醫學院副教授格林（Lee Green）解釋：「不鏽鋼解剖刀的邊緣比較粗，然而黑曜岩解剖刀比較光滑且更銳利。」

▶ 火成岩的岩理可以透露出什麼？

岩理是根據交鎖結晶的大小與排列方式，來描述火成岩外觀大致的樣子。岩理是很重要的特性，因為它能讓地質學家根據仔細觀察結晶大小與其他特性，來推斷岩石的來源。你已經學過快速冷卻的岩漿會產生較小的結晶，非常緩慢的冷卻會產生較大的結晶。如同你認為的，地殼內部的岩漿庫裡，岩漿冷卻的速率最慢，而湧出地表的薄薄一層熔岩流，可能在幾小時內就冷卻成固態的岩石了。火山爆發時噴出至高空的熔融岩團，可能還沒落地，就在半空中固化了。

在地表或上部地殼內所形成的較小體積的火成岩，具有細顆粒岩理，其中的每顆結晶都因為太小而無法以肉眼看見（圖 2.3B）。在許多細顆粒的火成岩裡常常可見的氣孔，是熔岩固化時產生的氣泡所留下來的（圖 2.4），我們說含有這種氣孔的岩石所展現的是多孔岩理。

大體積的岩漿在地下深處固化時，形成的火成岩會展現粗顆粒岩理，這些粗顆粒的岩石看起來有許多互相長在一起的結晶，大小差不多相同，用肉眼就清楚可見一顆顆礦物結晶。花崗岩就是這類岩石中典型的例子（圖 2.3D）。

　　置身於地下深處的大體積岩漿，可能需要幾萬年或甚至百萬年才能固化。因為不同物質需要不同的環境條件（溫度、壓力）才能結晶，因此，很有可能當一種礦物結晶已經長到很大時，其他礦物結晶才要開始形成。若含有大顆粒結晶的熔岩移動到不同的環境時（比方說噴發到地表），剩餘未固化的熔岩流便會加速冷卻，最後的岩石會變成大結晶體，被包覆在小結晶的基質裡，我們稱這種岩石具有斑狀岩理（圖 2.3C）。

　　在有些火山噴發的過程中，熔岩會噴出到空中，在此加速冷卻。快速冷卻可能會使岩石產生玻璃質岩理（圖 2.3A）。當毫無秩序的原子還沒準備好排隊成有秩序的結晶結構之前，卻慘遭「就地冷凍」，就會產生玻璃的構造。此外，跟低含矽量的岩漿相比，含有大量矽（二氧化矽，SiO_2）的岩漿較有可能產生玻璃質岩理的岩石。

//////////////////////////////////

圖2.3 火成岩岩理

A. 火山噴發的過程中，富含矽的熔岩噴到空中，可能會產生稱為浮石的泡沫玻璃。

B. 在地表或接近地表形成的火成岩歷經快速的冷卻過程，時常呈現出細顆粒的岩理。

C. 當含有大顆結晶的岩漿移動到冷卻速率較快的新位置，就會形成斑狀岩理，冷卻後的岩石呈現的是大顆的結晶被包裹在小結晶的基質內。

D. 岩漿在地下深處慢慢結晶，就會形成粗顆粒的火成岩。

（Photos by E. J. Tarbuck）

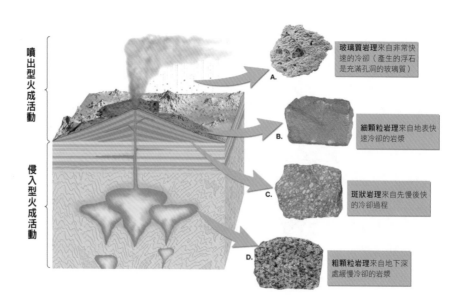

噴出型火成活動

侵入型火成活動

玻璃質岩理來自非常快速的冷卻（產生的浮石是充滿孔洞的玻璃質）

A.

細顆粒岩理來自地表快速冷卻的岩漿

B.

斑狀岩理來自先慢後快的冷卻過程

C.

粗顆粒岩理來自地下深處緩慢冷卻的岩漿

D.

　　黑曜岩，一種常見的天然玻璃，外觀與工廠生產的黑玻璃很相似（圖2.5）。另一種常常呈現玻璃質岩理的火山岩就是浮石，它通常跟黑曜岩一起被發現，是在大量氣體從熔岩裡逸散時所形成的灰色、多泡狀的物質（圖2.6）。在有些岩樣裡，浮石的氣孔非常明顯，但有些浮石看起來就像細小的扭曲玻璃碎片。因為氣孔所占的體積很大，許多浮石樣本是可以浮在水面上的（圖2.6）。

圖2.4　火山渣（scoria）是富含氣孔的火山岩。熔岩內的氣泡在跑到熔岩流表面時逸散，留下了一個個氣孔。
（Photo by E. J. Tarbuck）

圖2.5　黑曜岩，天然的玻璃，從前被美國原住民拿來製做成箭頭與切割工具。
（Photo by E. J. Tarbuck）

圖2.6　浮石，玻璃質岩石，由於內含無數氣孔，所以重量非常輕。
（Photo by E. J. Tarbuck）

▶ 火成岩的組成成分

　　火成岩主要是由矽酸鹽類礦物組成的，化學分析顯示，矽與氧（在岩漿裡通常以二氧化矽的形式存在）是目前為止火成岩裡含量最豐富的成分，這兩種元素加上鋁、鈣、鈉、鉀、鎂與鐵等離子，在大多數岩漿裡的重量約占 98%。此外，岩漿裡還含有許多其他少量的元素，包括鈦與錳，以及更稀罕的元素，如金、銀與鈾，只是含量微乎其微。

你知道嗎？

石英錶裡面真的有一顆石英結晶，讓指針滴答走個不停。在石英錶問世之前，鐘錶是利用某種震盪裝置或音叉來運作的，而由齒輪把機械運動轉化成指針的運動。如果有電壓施加在石英結晶體上，它會規律震盪，比音叉的震盪還要準確幾百倍。由於石英的這個特性，加上現代積體電路技術的進步，石英錶的價格並不昂貴，所以如果錶停了，我們通常不會修理，而是直接換新的。反觀現代的機械錶，反而所費不貲。

　　隨著岩漿冷卻與固化，這些元素會結合成兩種主要的矽酸鹽類礦物。深色的矽酸鹽礦物富含鐵、鎂或兩者兼具，二氧化矽的含量則相對的少，橄欖石、輝石、角閃石與黑雲母，是地殼上常見的深色矽酸鹽類礦物。相較之下，淺色矽酸鹽類礦物含有大量的鉀、鈉與鈣，與深色矽酸鹽類相比，二氧化矽的含量也較豐富。淺色矽酸鹽類礦物包括石英、白雲母，以及地表含量最豐富的一族礦物——長石。大部分的火成岩都至少含有 40% 以上的長石，因此除了長石以外，火成岩還含有前述淺色、深色矽酸鹽類礦物的組合。

▶ 火成岩分類

　　火成岩是依據岩理與礦物組成來分類的。火成岩的岩理主要代表的是岩石的冷卻史，而礦物組成主要是母岩漿（parent magma）的化學成分與結晶環境造成的。

　　儘管各種火成岩的組成差異極大，但還是可以根據淺色與深色礦物的比例，粗分為幾大類。圖 2.7 是根據岩理與礦物組成做的一般分類表。

化學成分	花崗岩類 （長英質）	安山岩類 （中性）	玄武岩類 （鐵鎂質）	超鎂鐵類
主要礦物	石英 鉀長石 富含鈉的斜長石	角閃石 富含鈉鈣的斜長石	輝石 富含鈣的斜長石	橄欖石　輝石
岩理　粗顆粒	 **花崗岩**	**閃長岩**	**輝長岩**	**橄欖岩**
岩理　細顆粒	**流紋岩**	**安山岩**	**玄武岩**	**鎂橄玄武岩** （稀少）
岩理　斑狀	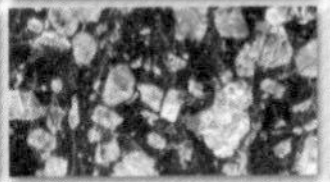 每當有顯而易見的斑晶， 就可把「斑狀」加在上列岩石名的前面			罕見
岩理　玻璃質	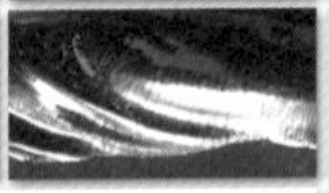 **黑曜岩**（壓實玻璃） **浮石**（多泡玻璃）			
岩石顏色 （依據含有深色礦物的百分比）	0%~25%　　25%~45%　　　45%~85%　　　85%~100%			

圖2.7 根據礦物組成與岩理，可以把火成岩分為幾大類。
粗顆粒岩石是深成岩，也就是在地下深處固化的火成岩；
細顆粒岩石是火山岩，或是厚度較薄的淺層深成岩；
超鎂鐵類岩石是密度高的深色火成岩，幾乎全由含鐵與含鎂的礦物組成，
儘管在地表相對罕見，但地質學家相信，這種岩石是上部地函的主要成分。

花崗岩類（長英質）

　　圖 2.7 礦物化學組成的左端，是幾乎全由淺色矽酸鹽類礦物（石英與鉀長石）組成的火成岩，我們稱這類岩石具有花崗岩類組成，而地質學家也把花崗岩類礦物，歸屬為長英質類，命名來自於長石的「長」字與石英的「英」。除了石英與長石，大部分的花崗岩類岩石含有約 10% 的深色矽酸鹽類礦物，通常是黑雲母與角閃石。花崗岩類礦物富含矽（約 70%），是組成地殼的主要岩石。

　　花崗岩是粗顆粒的火成岩，是大體積的岩漿緩慢在地下深處固化形成的。在造山運動事件中，花崗岩與相關的結晶岩石可能會被抬升，然後等上覆的岩層受到風化與侵蝕後暴露於地表。現今大規模暴露於地表的花崗岩地區，有美國洛磯山脈的派克斯峰（Pikes Peak）、南達科塔州黑山的拉什莫爾山、喬治亞州的石頭山以及內華達山脈的優聖美地國家公園。

　　花崗岩大概是火成岩裡面最出名的了（圖 2.8），部分是因為它渾然天成的美，尤其是經過表面拋光後更加出色，另一部分原因是它的蘊藏量很豐富。拋光過的花崗岩板常常拿來當成墓碑、紀念碑與商店櫃檯的檯面。

　　流紋岩（rhyolite）是花崗岩的噴出型版，也就是說基本上與花崗岩一樣，都是由淺色矽酸鹽礦物所組成的（圖 2.8），這一點說明了流紋岩的顏色，通常是暗黃色到粉紅色或淺灰色。

　　流紋岩的岩理是細顆粒的，常常含有玻璃碎片與氣孔，顯示是在表層環境經快速冷卻後形成的。

　　和花崗岩相反，流紋岩不是分布廣泛的大體積侵入型岩塊，而是少見的礦床，且通常體積也不大。美國黃石公園是知名的例外，在那裡可以發現流紋岩成分的大規模熔岩流與厚厚的火山灰。

岩理	岩理		
	花崗岩類（長英質）	**安山岩類**（中性）	**玄武岩類**（鐵鎂質）
粗顆粒 （侵入岩類）	花崗岩	閃長岩	輝長岩
細顆粒 （噴出岩類）	流紋岩	安山岩	玄武岩

圖2.8 常見的火成岩。
（Photos by E. J. Tarbuck）

玄武岩類（鐵鎂質）

　　岩石含有大量深色矽酸鹽類礦物與斜長石（但無石英），我們就稱其具有玄武岩類組成。玄武岩類岩石含有高比例的深色矽酸鹽類礦物，因此地質學家也把它們歸屬為鎂鐵類岩石（這個命名來自於鎂與鐵元素）。因為含鐵的緣故，玄武岩類岩石通常岩色較深，也比花崗岩類岩石來得重。

　　玄武岩是最常見的噴出型火成岩，顏色從非常深綠到黑色都有，主要由輝石、橄欖石與斜長石組成的細顆粒火山岩，像是夏威夷群島與冰島等的許多火山島，主要都是由玄武岩組成的。此外，海洋地殼的上部岩層也是由玄武岩組成的。在美國，奧勒岡州中部與華盛頓州的很大部分，都是噴出型玄武岩露出的範圍。

玄武岩的粗顆粒侵入型版是輝長岩（見圖 2.8）。儘管輝長岩在地表並不常見，卻是組成海洋地殼的主要岩石。

安山岩類（中性）

如同你在圖 2.8 中看到的，岩石組成介於花崗岩與玄武岩之間的岩石，我們稱為安山岩類或中性組成的岩石，命名來自於常見的火山岩──安山岩。安山岩類岩石含有深色與淺色礦物的混合，主要是角閃石與斜長石。這類重要的火成岩通常與發生在大陸邊緣的火山活動有關，當中性組成的岩漿在地下深處結晶時，就會形成粗顆粒的火成岩，我們稱為閃長岩（圖 2.8）。

超鐵鎂岩類

另一種重要的火成岩──橄欖岩，大多是由深色礦物橄欖石與輝石所組成的，因此在組成圖表上（圖 2.8）與花崗岩類岩石各據一邊。由於橄欖岩幾乎全由深色矽酸鹽類礦物組成，因此它的化學成分歸類成超鎂鐵（ultramafic）。雖然超鎂鐵類岩石在地表很稀少，但地質學家深信橄欖岩是上部地函的主要組成成分。

▶ 千變萬化的火成岩

因為各類火成岩的差異極大，從邏輯上推論，各種岩漿也存在同樣的差異。然而，地質學家曾經觀測到同一個火山噴發的熔岩流，其化學成分也可能迥然不同。這樣的觀測數據驅使地質學家探討岩漿可能改變（演變）的可能性，因此，岩漿成為火成岩多樣性的根源。為了探究這個觀點，美國地質學家包溫（Norman L. Bowen, 1887-1956）在二十世紀的前二十

多年間，針對岩漿的結晶作用展開了先驅研究。

包溫反應系列

包溫在實驗室的實驗結果顯示，具有複雜化學成分的岩漿，在溫度範圍超過 200℃ 環境下結晶時，並不會像簡單的化合物（例如水）那樣，在特定溫度下固化。岩漿冷卻時，某些礦物會在溫度相對高一點的時候先結晶（圖 2.9 頂端），在溫度連續下降後，其他礦物才開始結晶，這樣的礦物結晶序列就是所謂的**包溫反應系列**。

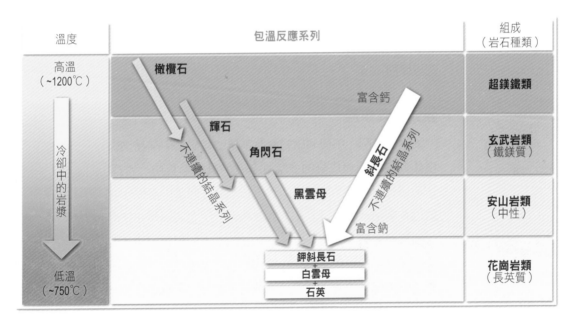

圖2.9 包溫反應系列顯示，礦物從岩漿中結晶出的序列。把這張圖表與圖2.7的火成岩類的礦物組成相比較，會發現每一類岩石所含有的礦物，都是在同一個溫度範圍內結晶的。

　　包溫發現，最先從岩漿體中結晶出來的礦物是橄欖石，繼續冷卻下去，會形成輝石與斜長石，冷卻到溫度下降一半時，角閃石與黑雲母會開始結晶。

　　結晶的最後階段，在大部分岩漿都固化後，可能會形成白雲母與鉀長石（圖 2.9），最後才輪到石英從剩餘的液體中結晶出來。在同一塊火成岩中，很少會同時發現橄欖石和石英，因為石英結晶的溫度比橄欖石要低得多。

　　火成岩的分析結果證明，這種結晶模式的確接近自然發生的狀況，特別是我們發現，在包溫反應系列的同一個溫度範圍中形成的礦物，會在同一塊火成岩裡一起出現。比方說，請看圖 2.9 中的石英、鉀長石與白雲母都位在包溫圖裡的同一個區塊中，而這幾種礦物正好就是花崗岩典型的主要組成礦物。

岩漿分異作用

　　包溫證明了不同的礦物會有系統的從岩漿中結晶出來，但是包溫的發現如何能說明火成岩的多樣性？在結晶的過程中，岩漿的成分持續在變化，這是因為結晶形成的同時，它們會從岩漿中選擇性的移去某些元素，於是在剩餘液體中這些元素的量會減少。有時候，在結晶過程中，岩漿裡的固體與液體成分會分離，這會造成不同的礦物組合。情節之一，我們稱為結晶沉降是當較早形成的礦物比液體部分重時，會發生向下沉到岩漿庫底部的情況，如圖 2.10 所示。當剩下的熔岩繼續固化（不管是在原處或是流動到周圍岩石裂縫中），形成的岩石所具的化學成分，會與母岩漿迥然不同（圖 2.10），像這樣從同一種母岩漿形成的一種或多種次岩漿（secondary magma）的過程，我們稱為岩漿分異作用。

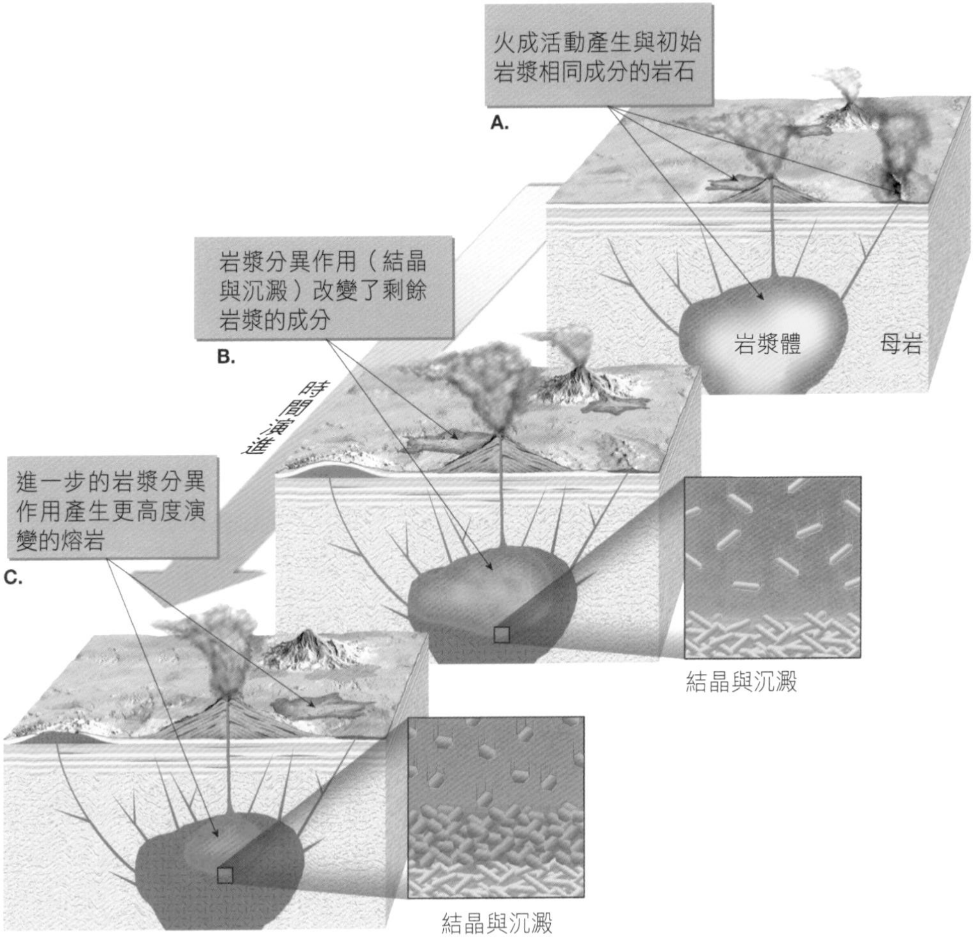

火成活動產生與初始
岩漿相同成分的岩石

A.

岩漿體　　母岩

岩漿分異作用（結晶
與沉澱）改變了剩餘
岩漿的成分

B.

時間演進

進一步的岩漿分異
作用產生更高度演
變的熔岩

C.

結晶與沉澱

結晶與沉澱

圖2.10　繪圖顯示較早形成的礦物（富含鐵、鎂與鈣）結晶並下沉到岩漿庫底下，
留下含鈉、鉀與矽（SiO_2）較多的岩漿。
A. 岩漿體的位置與相關的火成活動，此時產生的岩石具有與初始岩漿相似的成分。
B. 經過一段時間，結晶與沉澱改變了熔岩的成分，這時產生的岩石其成分與初始岩
　 漿已迥然不同。
C. 進一步的岩漿分異作用產生更高度演變的熔岩，以及其後來形成的火成岩。

在岩漿分異作用的任一個階段，固態與液態部分會分離成兩個化學成分明顯不同的單元，接下來，次岩漿內發生的岩漿分異作用，也會產生其他化學成分完全不同的熔岩，因此岩漿分異作用與不同結晶階段發生的固態與液態分離作用，會產生化學成分迴異的幾種岩漿，最後則形成不同的類型的火成岩。

 # 岩石風化成沉積物

所有物質都會受到風化作用。以我們稱為混凝土（水泥）的人造的石頭為例，剛新鋪好的水泥人行道是很平坦的，但多年後，同一條人行道會出現破裂、缺角、表面不平整，小石頭出現在路面上。如果旁邊有一棵樹，樹根在人行道下方生長，可能會隆起甚至破壞水泥路面。不管破壞水泥人行道的作用力，是何種類型的大自然作用力，也不管力道強弱，都可能施加在天然岩石上，造成岩石破裂。

為什麼岩石會風化？簡單說，風化作用是地球物質對於新環境所做的自然反應。例如，經過幾百萬年的侵蝕，覆蓋在大塊侵入型火成岩上方的岩層可能會因此被移除，使得火成岩暴露在地表的全新環境中。這一大塊在地下深處、高溫高壓環境中形成的結晶岩，如今將遭受非常不同與相對惡劣的地表環境。為了應付新環境，岩石會逐漸改變，直到再次與新環境達到平衡，這樣的岩石轉變就是我們所謂的風化作用。

在下面的段落中，我們將探討兩種基本的風化作用——機械式與化學式風化；機械式風化是指岩石受到物理性破裂，化學式風化則是岩石確實改變成不同的物質。雖然我們將分別討論這兩種風化作用，但請謹記在

心，它們通常同時發生在大自然中。此外，風、水與冰川等侵蝕營力對搬運風化後岩屑的過程也很重要，這些移動營力搬運岩屑的同時，也不間斷的進一步分解這些岩屑。

岩石的機械式風化

　　岩石經歷了機械式風化，會破裂成愈來愈小的碎屑，每一顆碎屑仍保有此岩石原有的特性，最後的結果是一大顆石頭碎裂成許多小岩屑。圖 2.11 顯示，從大石頭變成小石頭甚至小岩屑，會增加化學侵蝕所需的表面積。把糖加入水裡就是一個例子，冰糖溶解得比同體積的砂糖來得慢，就是因為兩者的表面積差異很大。因此，機械式風化把大石頭碎裂成小石頭，結果會增加化學侵蝕所需的表面積。

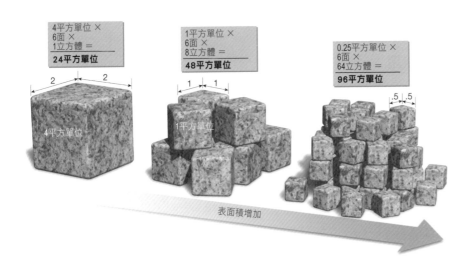

圖2.11　化學式風化只發生在岩石暴露在外的部分。機械式風化把大石頭碎裂成小石頭，因而增加化學侵蝕所需的表面積。

在大自然中，有三種重要的物理作用能把大石頭碎裂成小岩屑：冰楔作用、片裂作用、與生物活動。

冰楔作用

如果你把一個裝了水的玻璃瓶放在冷凍庫太久，你會發現玻璃瓶碎裂開來，這是因為液態水冰凍後，體積會膨脹約 9% 的特性，這也是暴露在戶外且絕緣性差的水管，在冰天雪地裡破裂的原因。你可能會認為這種作用也會發生在大自然裡，把大石頭裂成小石粒，沒錯，當水滲入到岩石的裂隙中時，經過結冰、膨脹，會把裂隙更加擴大。經過許多次結冰—融化的循環，岩石就會碎裂成小石塊。

這個作用恰如其名的稱為冰楔作用。冰楔作用在中緯度的山區，效應最為顯著，因為那些地方每日都上演結冰—融化循環的戲碼，而遭冰楔作用鬆開的石塊可能會向下滾落，在陡峭的岩石山腳下形成落石堆（或落石坡）。

片裂作用

當大塊的侵入型火成岩因侵蝕作用而暴露在地表時，一整片的板岩會像洋蔥那樣，一層層開始剝落，這稱為片裂作用。地質學家認為，這是由於上覆岩層移去後造成壓力減低所發生的現象（圖 2.12）。外面的岩層擴張得比裡面的岩層多，因此會從岩體分離開來。花崗岩尤其易產生片裂作用。

持續的風化作用，最終會使片狀岩石分離，並且層層剝離開來，形成剝離丘（exfoliation dome），在美國喬治亞州的石頭山和優聖美地國家公園的半穹丘（Half Dome），都可見到的漂亮的剝離丘。

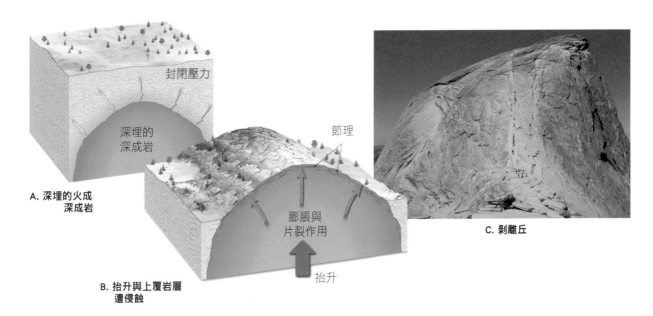

封閉壓力

深埋的
深成岩

A. 深埋的火成
深成岩

節理

膨脹與
片裂作用

抬升

B. 抬升與上覆岩層
遭侵蝕

C. 剝離丘

圖2.12 侵蝕作用移去上覆物質時，結晶岩石的膨脹會造成片裂作用。
當埋在地下深處的深成岩 (A)，受到抬升與侵蝕 (B) 後暴露於地表，大塊火成岩會
破碎成薄薄的片狀。照片 (C) 是美國加州優聖美地國家公園的半穹丘山頂，它是一
座剝離丘，顯現出由片裂作用造成的洋蔥狀層理。
（Photo by iStockphoto/Thinkstock）

生物活動

　　風化作用通常也伴隨生物活動，包括植物、穴居動物以及人類。植物
的根為了探尋水分，會沿岩石裂縫生長，隨著根部愈長愈繁密，最後可能
會使岩石裂開來。穴居動物把剛裂開的岩塊從洞穴裡帶到地表，地表的物
理與化學作用可以更有效率的使岩石崩解。

岩石的化學式風化作用

化學式風化藉由移除或增加元素，來改變礦物的內部結構，在轉變的過程中，原來的岩石會轉變成在地表環境中較為穩定的物質。

水是化學式風化中最重要的媒介。溶解在水中的氧會氧化某些物質，比方說，你在土壤中發現的鐵釘，表面上都有一層鐵鏽（氧化鐵），鐵釘待在土壤裡的時間愈久，會變得愈脆弱，可能會像牙籤那樣一折就斷掉。若岩石內含有富含鐵的礦物（角閃石），那麼岩石氧化時，表面將出現黃色到淡紅色的鐵鏽。

二氧化碳溶解在水裡會形成碳酸（H_2CO_3），這跟碳酸飲料一樣都是弱酸。雨水降下在通過大氣層時，會溶解一些二氧化碳，所以雨水一般是微酸性的。腐敗生物釋放的二氧化碳，也會溶解在土壤裡的水中。上述這些作用使地表上到處都是酸性的水。

岩石遭碳酸侵襲時會如何分解？我們先探討常見的火成岩（花崗岩）的風化過程。我們前面談過，花崗岩主要是由石英與鉀長石所組成，當弱酸緩慢的與鉀長石的結晶發生作用，鉀離子就會被取代，結果就破壞了礦物的結晶結構。

在長石的化學分解過程中，最豐富的產物就是黏土礦物了。黏土礦物是化學式風化的最終產物，所以在地表環境中非常穩定，也因此在許多土壤中，黏土礦物在非有機物質的成分中，占了非常高的比例。

除了形成黏土礦物以外，有些二氧化矽也會從長石結構中分解出來，由地下水帶走。溶解在水裡的二氧化矽最終會沉澱出來，生成又硬又重的沉積岩（燧石），或填充在礦物顆粒的縫隙之間，或者被帶到了海洋，微生物就拿它來當做矽酸鹽外殼的材料。

花崗岩的另一個主要成分石英，則非常禁得起化學式風化的侵襲。石

英由於抗風化的能力強，受弱酸侵蝕時，本質上都能維持不變。因此，當花崗岩受到風化後，長石結晶會減少，慢慢轉變成黏土，留下曾經與它交結的石英顆粒，此時此刻，石英依然保有原先玻璃質的外觀。儘管有些石英殘留在土壤裡，大部分石英都會被搬運到海洋或其他地點，變成沙灘或沙丘的一部分。

　　總結來說，花崗岩經過化學式風化產生了黏土礦物，以及進入溶液中的鉀離子和二氧化矽。此外，抗風化的石英顆粒則會由介質帶走。

　　表 2.1 列出最常見的幾種矽酸鹽類礦物的風化產物。請記住，矽酸鹽類礦物是構成地殼的最主要礦物，並且主要只由 8 種元素組成（請見第 71 頁，圖 1. 17）。受到化學式風化時，矽酸鹽礦物會釋出鈉、鈣、鉀與鎂等離子，這些離子可能會由植物利用，或是被地下水帶走。元素鐵與氧結合，會產生鐵氧化合物，讓土壤呈現紅褐色或黃色。剩餘的 3 種元素 —— 鋁、矽和氧，會與水一起生成黏土礦物，成為土壤很重要的成分。最終，風化的產物形成了沉積岩的原料，我們將在下面的篇幅中探討沉積岩。

表2.1：風化產物

原始礦物	風化產生	釋出於溶液中
石英	石英顆粒	二氧化矽（SiO_2）
長石	黏土礦物	二氧化矽（SiO_2）、鉀、鈉與鈣離子
角閃石	黏土礦物	二氧化矽（SiO_2）
	鐵礦（褐鐵礦與赤鐵礦）	鈣與鎂離子
橄欖石	鐵礦（褐鐵礦與赤鐵礦）	二氧化矽（SiO_2）、鎂離子

沉積岩：壓實與膠結的沉積物

　　回想我們探討過的岩石循環，它描繪出沉積岩的起源。最初，由風化作用開始了整個循環的過程，接著重力與侵蝕營力（流水、風、海浪與冰川）會移動風化後的產物，把它們帶到新的地點沉澱下來。通常，這些粒子在搬運的過程中，會再次瓦解成更小的粒子。沉澱作用後，這些沉積物可能會岩化，也就是「轉變成岩石」，通常來說，是壓實作用與膠結作用把沉積物變成了固態的沉積岩。

　　沉積（sedimentary）這個詞暗示出這種岩石的本質，它的拉丁文 *sedimentum* 原意是「沉澱」，是指固體物質從液體中沉降出來，大部分的沉積物也是以這種方式沉澱。風化後的岩屑不斷被水、冰或風從基岩中掃起或刮起，最後沉澱在湖泊、河谷、海洋與任何地點。沙漠裡的沙丘、沼澤地裡的泥巴、溪谷河床裡的礫石，甚至落在家裡的塵埃，都是這種永不停息作用下的沉積物。

　　基岩的風化，以及風化產物的搬運與沉澱，皆不斷發生，因此幾乎隨處都可以見到沉積物。當沉積物不斷累積，接近底部的物質便會遭上覆沉積物的重量擠壓，長時間下來，這些沉積物會與存在於顆粒間隙中的礦物膠結在一起，這些礦物是從水中沉降出來的。至此固態沉積岩於焉形成。

　　地球最外圈地層有 16 公里厚，地質學家估計，沉積岩只占其中 5% 的體積，然而它的重要性遠大於這個百分比。如果你在地表蒐集岩樣，你會

發現大部分都是沉積岩（圖 2.13）。的確，陸地上 75% 的岩層露頭都是沉積岩，因此可以把沉積岩想成，構成地殼最表面那層不怎麼連續且相對薄的地層。因為沉積物總是堆積在表面，所以這樣的見解是合理的。

正因為有沉積岩，地質學家才能重建地球歷史的許多細節。沉積物在地表沉澱時的環境各式各樣，所以最終形成的岩層，對於過去的地表環境留下很多線索。沉積岩展現的特性，或許也能讓地質學家解讀出沉積物被搬運的過程與距離。再者，化石是潛藏在沉積岩裡的，而化石正是研究地質歷史的關鍵證據。

最後再補充一點，許多沉積岩都具有重要的經濟價值。例如煤，煤被歸類為沉積岩，燒煤產生的電力是許多國家重要的能源來源。其他主要的能源，例如石油和天然氣，則是存在於沉積岩的孔隙中。沉積岩也是鐵、鋁、鎂、肥料與多種建築業所需原料的來源。

▶ 沉積岩分類

物質以沉積物之姿堆積時，有兩個主要的來源。第一，沉積物是固態顆粒，可能來自於風化過的岩石，例如先前提到的火成岩，我們稱這種顆粒為岩屑，堆積成的沉積岩稱做碎屑沉積岩（圖 2.14）。

沉積物的次要來源是可溶解的物質，大部分是化學式風化產生的。當溶解的物質又再沉澱成固體時，它們就叫做化學沉積物，堆積後則形成了化學沉積岩。現在我們就來探討碎屑沉積岩與化學沉積岩（圖 2.14）。

圖2.13　美國猶他州的頂礁國家公園（Capital Reef National Park）內所出露的沉積岩。暴露在地表的沉積岩比火成岩和變質岩都多。沉積岩因為含有化石與其他跟地質歷史有關的線索，在研究地球歷史時舉足輕重。岩石種類在垂直方向上的改變，代表隨時間的演進，環境也有所改變。

（Photo by iStockphoto/Thinkstock）

碎屑沉積岩		
碎屑狀岩理（顆粒大小）	沉積物名稱	岩石名
粗粒 （超過2 mm）	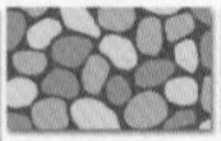 礫石（圓形顆粒）	礫岩
	礫石（角形顆粒）	角礫岩
中粒 （1/16~2 mm）	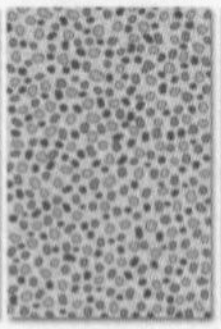 砂（如果內含大量長石，則稱為長石砂岩，arkose）	砂岩
細粒 （1/16~1/256 mm）	泥土	粉砂岩
極細粒 （小於1/256 mm）	泥土	頁岩或泥岩

化學與有機沉積岩			
組成	岩理	岩石名	
方解石 （CaCO₃）	非碎屑狀：細粒到粗粒結晶	結晶石灰岩	
		石灰華	
	碎屑狀：可見的貝殼與貝殼碎片鬆散的膠結在一起	殼灰岩	生化石灰岩
	碎屑狀：有大有小的貝殼與貝殼碎片和方解石膠結在一起	化石石灰岩	
	碎屑狀：細小的貝殼與黏土	白堊	
石英（SiO₂）	非碎屑狀：非常細粒結晶	燧石（淺色） 火石（深色）	
石膏（CaSO₄·2H₂O）	非碎屑狀：細粒到粗粒結晶	石膏岩	
岩鹽（NaCl）	非碎屑狀：細粒到粗粒結晶	鹽岩	
變質的植物碎片	非碎屑狀：細粒有機物質	煙煤	

////////////////////////////////////

圖2.14　辨識沉積岩
沉積岩分為兩大類，依據沉積物的來源可分為碎屑沉積岩與化學沉積岩。碎屑沉積岩的命名標準，主要是沉積顆粒的大小，然而分辨化學沉積岩的主要依據，則是礦物組成。

碎屑沉積岩

　　儘管在碎屑沉積岩中可能會發現各式各樣的礦物與岩石碎片，不過黏土礦物與石英的含量，還是在其中居冠。如同我們之前學到的，矽酸鹽類礦物（尤其是長石）經過化學作用後，得到最豐富的產物就是黏土礦物，另一方面，因為抗化學式風化的能力強，以及異常耐久，石英的含量也非常豐富，因此即使火成岩（如花崗岩）經歷過風化作用，一顆顆的石英仍然完好如初。

　　地質學家利用顆粒大小分類碎屑沉積岩，圖 2.14 的分類顯示組成碎屑沉積岩的四種顆粒的大小。當沉積岩中大部分是礫石時，內含較多圓形沉積物的我們稱為礫岩（圖 2.15A），含較多有尖角的沉積物則稱為角礫岩（圖 2.15B）。尖型碎片表示沉積的顆粒從源頭開始到沉澱為止，並沒有經過長距離的搬運過程，所以尖角與粗糙的邊還來不及磨得圓滑。當普遍都是砂粒大小的顆粒時，我們稱此沉積岩為砂岩（圖 2.16）；頁岩是最常見的沉積岩，是由非常細粒的沉積物組成的（圖 2.17）；粉砂岩是另一種顆粒相當細的沉積岩，有時候很難分辨它與頁岩的不同（頁岩是由更細小的、黏土顆粒般的沉積物組成的）。

A.　　　　　B.

圖2.15　由礫石大小的顆粒組成的碎屑岩。
A. 礫岩（圓形顆粒）
B. 角礫岩（角形顆粒）
（Photo by E. J. Tarbuck）

局部放大圖

圖2.16　石英砂岩。砂岩是含量第二豐富的沉積岩，僅次於頁岩。
（Photo by E. J. Tarbuck）

圖2.17　頁岩是細顆粒的碎屑岩，是現今所有沉積岩中含量最豐富的。內含植物殘跡的深色頁岩相對來說較為普遍。
（Photo by E. J. Tarbuck）

　　顆粒大小不僅是區分碎屑岩的好方法，組成顆粒的大小也對沉積物當時沉澱的環境，提供了有用的訊息。水流或氣流會淘選顆粒的大小，愈強勁的水流或氣流，愈能帶走大尺寸的顆粒。舉例而言，礫石要由湍急的河流、山崩與冰川才能帶走，而搬運沙粒需要的能量就少一點，所以沙丘、河床沉積物與海灘上都常見到沙子。由於粉砂與黏土沉澱的速率非常緩慢，因此這些物質的累積，通常與湖泊、潟湖、沼澤或海洋環境中平靜的水流很有關係。

　　雖然碎屑沉積岩是用顆粒大小來分類，在某些情況中，礦物的組成成分也可以當做命名的依據，例如，大多數的砂岩都富含石英，因此常常稱做石英砂岩。此外，由碎屑沉積物組成的岩石，很少是由相同大小的顆粒

所組成，所以，同時含有砂與粉砂的岩石，可以精確的分類為砂質的粉砂岩或是粉砂質的砂岩，端看兩者的比例孰多孰寡。

化學沉積岩

相較於固體產物風化後形成的碎屑岩，化學沉積物則是源自於湖泊或海洋中的溶解物。這些物質不會永遠溶解在水裡，一旦條件吻合，便會沉澱出來，形成化學沉積物。這種沉澱作用可能會因物理作用直接發生，也可能會透過水中生物的生物作用而間接發生，以後者方式形成的沉積物，我們說它們具有生化來源。

有一個物理作用造成沉澱的例子，就是大量海水蒸發後殘留的鹽。另一種不同的情況是，許多水中的動植物，汲取溶解的礦物質以生長出貝殼或身體的其他硬質部分，這些生物死亡後，牠們的骨骼可能會沉積在湖底或洋底。

石灰岩是地殼上蘊藏最豐富的化學沉積岩，主要是由方解石所組成。石灰岩中 90% 是生化沉積物，其餘的部分則是從海水中以化學方式沉澱出來的。

另一種能輕易辨識的生化石灰岩是殼灰岩（coquina），它是由貝殼或貝殼碎片鬆散的膠結成的粗糙岩石（圖 2.18）。另一種特徵比較不明顯但卻為

圖2.18 這種稱為殼灰岩的岩石是由貝殼碎片組成的，因此具有生化來源。
（Photo by E. J. Tarbuck）

局部放大圖

人所熟悉的石灰岩是白堊，這是一種多孔的軟質岩石，幾乎全部是由比針頭還小的微生物的硬質部分組成的。

當化學變化或水溫讓碳酸鈣的濃度增加到會沉澱的臨界點，就會形成無機的石灰岩，洞穴裡的石灰華（travertine）就屬於這種石灰岩。洞穴中析出沉澱的石灰華，來源就是地下水，當水滴接觸到洞穴裡的空氣，部分溶於水裡的二氧化碳會逸失，使碳酸鈣沉澱出來。

溶解的二氧化矽沉澱的話，會形成各種不同的微晶質石英（圖 2.19）。沉積岩中由微晶質石英組成的有燧石（淺色）、黑燧石（深色燧石）、碧玉（紅色燧石）、以及瑪瑙（帶狀燧石）。這些化學沉積岩可能具有無機或生化來源，但通常很難判定它們的來源模式究竟為何。

蒸發作用經常造成礦物質從水中沉澱出來，例如鹽岩的主要成分岩鹽、石膏鹽的主要成分石膏，這兩者都是非常重要的經濟礦物。每個人對岩鹽都很熟悉，因為它就是烹飪與調味用的食鹽。當然，岩鹽還有其他用途，重要性不可小覷，在過去的歷史中，人類尋找岩鹽並拿來做買賣，甚至為它大動干戈的戲碼屢屢上演。石膏是熟石膏的基本成分，在建築業中

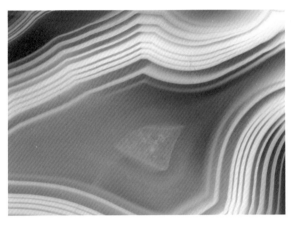

A. 瑪瑙（帶狀燧石）

B. 黑燧石（深色燧石）　　C. 碧玉（紅色燧石）　　D. 燧石箭頭

用途最為廣泛，尤其是製成石膏板與灰泥之用。

　　地質的歷史中，許多現今的乾涸之地，過去可能由淺海灣覆蓋著，只有一條窄窄的通道與大海相連。在這種情況下，水蒸發後，又持續補充進新的海水，終於海灣內的水達到飽和，海鹽開始沉澱。時至今日，這樣的海灣已消失，遺留下我們稱為**蒸發礦床**的地質特徵。

　　我們再把尺度縮小一點，蒸發礦床可以在美國猶他州邦納維利鹽灘或加州的死谷等地看到。來自山上的雨水或週期性的融雪、附近群山的溪流都流進了封閉的盆地，當水分蒸發，就會從溶解的物質中形成**鹽灘**，看起來像是在地面上覆蓋一層白色的殼一樣。

圖2.19　有好幾種微晶質石英組成的岩石，密度高又堅硬，且都稱為燧石，這裡簡單介紹其中三種。A. 瑪瑙，呈帶狀（Photo by Hemera/Thinkstock）；B. 深色的黑燧石是因為含有有機物質的緣故（Photo by E. J. Tarbuck）；C. 紅色的燧石稱為碧玉，顏色來自氧化鐵（Photo by E. J. Tarbuck）；D. 過去美國原住民常利用燧石製做出箭頭與尖銳的器具。

（Photo by iStockphoto/Thinkstock）

你知道嗎？

每一年，全球供應的食鹽中，約有 30% 是從海水萃取來的。業者把海水抽進池塘裡，待海水蒸發，留下「人工蒸發鹽」，就可以收成了。

煤和許多化學沉積岩很不同。不像其他同類的岩石多富含方解石或石英，煤的成分主要是有機物質。在顯微鏡或放大鏡下觀察煤，常常可以看到植物的構造，像是葉子、樹皮與樹幹，雖然化學成分已經完全改變，外型卻仍舊可辨。觀察的結果支持了一個結論：煤是大量植物經過長時間掩埋後的最終產物（圖 2.20）。

煤形成的初期階段是大量植物遺骸的堆積，不過堆積也需要特別的條件，因為暴露在大氣環境中的死去植物，通常會分解。促成植物原料堆積的理想環境是沼澤。沼澤裡的水是不流動的，缺氧的環境下不可能讓植物完全腐爛（氧化）。在地球歷史上的不同時期，這樣的環境曾經很普遍。煤形成須歷經幾個連續階段，一個階段接著一個階段，溫度和壓力愈來愈高，雜質和揮發性物質便得以去除，如圖 2.20 所示。

褐煤與煙煤屬於沉積岩，但是無煙煤就算是變質岩了；沉積岩層受到造山運動產生的褶皺與變形作用，就會形成無煙煤。

總結來說，我們把沉積岩分為兩類：碎屑沉積岩與化學沉積岩。判別碎屑岩的標準是沉積顆粒的大小，而區分化學沉積岩靠的是礦物組成。我們在這裡探討的分類，比大自然的實際狀況要來得死板，因為很多碎屑沉積岩混合了不只一種尺寸的沉積顆粒。而且許多歸類為化學沉積岩的岩石，也都含有少量的碎屑沉積物，事實上，所有的碎屑岩都是由原本溶解在水裡的物質膠結在一起的。

▶ 沉積物的岩化

岩化作用指的是沉積物轉變成固態沉積岩的過程。岩化作用中最普遍的是壓實作用，這是當沉積物隨時間不斷堆積，上覆物質的重量因此擠壓較深部位的沉積物。隨著顆粒與顆粒之間愈來愈緊密，孔隙的空間就會大

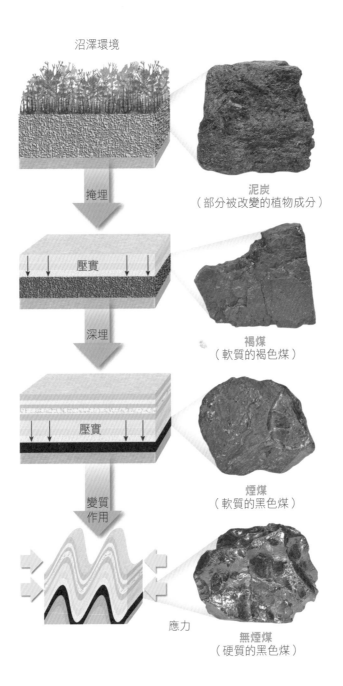

沼澤環境

掩埋

泥炭
（部分被改變的植物成分）

壓實

深埋

褐煤
（軟質的褐色煤）

壓實

變質
作用

煙煤
（軟質的黑色煤）

應力

無煙煤
（硬質的黑色煤）

圖2.20　煤形成的連續階段。

幅減少;比方說,黏土深埋在幾千公尺的地下後,黏土的體積可能會縮減
成原來的 40%。壓實作用在頁岩等細顆粒沉積岩中最為顯著,而在砂岩與
其他粗粒沉積物的礫岩,受擠壓的程度並不多。

　　另一個讓沉積物轉變成沉積岩的重要方法是膠結作用。膠結物質溶在
水裡,並滲透到顆粒之間的孔隙中,等過了一段時間,膠結物會沉澱在顆
粒上,把孔隙填滿,並與顆粒連結在一起。方解石、二氧化矽與氧化鐵是
最常見的膠結物。要判定膠結物質很簡單,方解石膠結物遇到稀鹽酸會起
泡。二氧化矽是最堅硬的膠結物,因此會形成最硬的沉積岩;當沉積物呈
現橘色或紅色,通常表示有氧化鐵存在。

▶ 沉積物的特性

　　在地球歷史的研究上,沉積岩尤其重要。這些岩石在地表形成,隨著
沉積物層層堆積,每堆疊一層,就記錄了沉積當時的自然環境。這一層層
稱為地層的表徵,是沉積岩的最大特徵(圖 2.13)。

　　地層的厚度範圍,從顯微鏡下才看得到的薄層,到幾十公尺厚都有,
地層與地層之間有層面(bedding plane)來區分,岩石若要分離或破裂是會沿
著層面進行。一般而言,層面標識出一個沉積時期的結束,與另一個沉積
時期的開始。

　　沉積岩提供了地質學家解讀地球過去歷史的證據。舉例來說,礫岩意
味著高能量的環境,例如湍急的流水,而只有粗大的物質能在如此的環境
中沉澱。相反的,黑色頁岩與煤,跟低能量、富含生物的環境有關,例如
沼澤或潟湖。在某些沉積岩中找到的其他特徵,也替過去的沉積環境提供
了寶貴的線索(圖 2.21)。

化石是史前生物的遺跡或殘骸，或許是某些沉積岩裡發現最重要的包裹體（inclusion）了。若能瞭解生存在特定時期的生命形式的特性，可能可以釐清關於環境的許多迷惑。例如，當時的環境是陸地還是海洋？湖泊還是沼澤？海水是深還是淺？混濁還是清澈？此外，化石是很重要的時間指示器，對於找出相同年代、卻散布於不同地點的岩石，扮演了非常關鍵的角色。化石在解讀地質歷史上是很重要的工具，我們將在《觀念地球科學 III》的第 8 章做更深入的探討。

圖2.21　沉積環境。
保存在沉積岩中的水波紋，可能暗示過去為海灘或河道的沉積環境。
當泥巴或黏土變乾、收縮後，會形成泥裂，意味著曾經存在潮埔（tidal flat）或沙漠盆地的沉積環境。
（Photos by iStockphoto/Thinkstock）

變質岩：脫胎換骨的岩石

回想我們之前討論過的岩石循環，其中提到變質作用是由一種岩石轉變成另一種岩石的過程，而變質岩就是從已經存在的火成岩、沉積岩或甚至同為變質岩，所轉變而成的岩石。因此，每一種變質岩都有母岩，也就是變質前的原岩。

變質在希臘文的原意是「改變形態」，是導致岩石的礦物組成、岩理（例如顆粒大小）、甚至是化學組成發生轉變的過程。當已經存在的岩石，身處在與最初生成環境迥然不同的物理或化學環境時，變質作用就會發生。為了適應新的環境，岩石會逐漸改變，直到與新環境達成平衡狀態為止。大部分的變質作用都發生在地表以下幾公里深處，一直到上部地函的範圍之間，因為在此區域內，溫度與壓力都比地表高。

變質作用的進行是逐漸加劇的，一開始是輕微變化（低度變質），到後來在本質上發生變化（高度變質）。舉例來說，在低度變質的情況下，普通的沉積岩頁岩會變成較緊實的變質岩，稱為板岩。手掌大小的岩樣，有時很難分辨出頁岩與板岩的差別，這表示從沉積岩到變質岩之間的改變是很平緩的，轉變也極其輕微。

在較極端的環境中，變質作用造成的轉變非常全面，以致於很難確定母岩的身分，因為在高度變質作用發生時，層面、化石、氣泡等原來存在於母岩的特徵，會湮滅掉。此外，當岩層位於地殼深處溫度較高的位置，會受到定向壓力，整塊岩石可能會變形，產生大尺度的構造，例如褶皺。

在最極端的變質環境中，溫度會達到足以使岩石熔融的程度，然而在變質的過程中，岩石在本質上必須仍然維持固態的狀態，因為，假使完全熔融，就進入了火成活動的範疇了。

大部分的變質作用都屬於以下兩種：

1. 當岩石受到岩漿侵入，就會發生接觸變質或熱變質。在這種情況下，是母岩周圍受熔融物質的影響，因而溫度升高產生變化。
2. 在造山運動的過程中，因大規模變形，使大量岩石受到定向壓力與高溫的影響，我們稱為區域變質。

有些低度的變質岩中確實蘊含化石。
當化石存在於變質岩中時，對於判定母岩類型以及當時的沉積環境，
提供了寶貴的線索。此外，我們可以從變質的過程中，
形狀受到扭曲的化石身上，洞悉岩石變形的程度。

現今各大陸都有廣大範圍的變質岩暴露在地表。變質岩是地球上許多造山帶的重要組成岩石，它們占了山脈結晶核心的很大部分。即使是穩定的大陸內部，上方通常遭沉積岩覆蓋，下方卻是變質基岩。在所有這些環境中，變質岩通常受到了高度變形，並受火成岩體侵入。因此，變質岩及其相關的火成岩，在組成大陸地殼的岩石中，占有舉足輕重的地位。

是什麼引發了變質作用？

變質作用的營力包括熱、壓力（應力）與促進化學反應的流體。在變質作用進行的過程中，通常同時受到這三種營力的驅使，然而變質程度與每種營力的貢獻度，隨環境不同而大相逕庭。

變質營力之一：熱

熱能（熱）是驅使變質作用發生的最重要因子，它引發化學反應，導致原有礦物再次結晶，並形成新的礦物。變質作用所需的熱能主要有兩個來源。岩石下方受到上升岩漿的侵入，使得岩石溫度升高，這種過程稱為接觸變質或熱變質作用，在這種情況下，侵入的岩漿會「烘烤」周遭的母岩。

相反的，在地表形成的岩石被帶往地球深處時，會經歷溫度逐漸上升的過程。在地殼的上部，溫度平均每公里上升 25℃，當埋到深度 8 公里左右，那裡的溫度介於 150℃ 到 200℃ 之間，黏土礦物變得不穩定，且開始再結晶成其他礦物，例如在此環境中相對穩定的綠泥石（chlorite）與白雲母。綠泥石是看起來像雲母的礦物，是從富含鐵與富含鎂的矽酸鹽類礦物變質而成。然而，許多矽酸鹽類礦物在這樣的溫度下仍舊穩定，特別是在結晶火成岩中找到的礦物，比方說石英與長石，因此要能讓這些礦物產生變質，需要更高的溫度，才足以使它們再次結晶。

變質營力之二：封閉壓力與應力差

壓力跟溫度一樣隨深度而增加，這是因為上覆岩層的厚度愈來愈厚的緣故。遭掩埋的岩石會承受封閉壓力，這和水壓類似，都是受到來自四面八方、所有方向皆相等的力（圖 2.22A），就好像你潛入海裡愈深，感受到的封閉壓力愈大，深埋的岩石亦是如此。封閉壓力造成礦物顆粒之間的縫隙愈來愈小，形成密度更大、更緊密的岩石。此外，在更深的地層中，封閉壓力可能會使礦物再次結晶，形成結晶型態更為緊密的礦物。

在造山運動事件中，巨大的岩體被褶皺得厲害，並且變質（圖 2.22B）。造山的力量在不同方向上，各不相同，這種現象我們稱為應力差（differential stress）。跟封閉壓力在所有方向受到等量擠壓不同，應力差在其中一個方向上受的壓力，大過於其他方向。如同圖 2.22B 所示，受到應力差的岩石，在最大應力施加的方向上會縮短，垂直於該應力的方向上會延伸或拉長。因應力差產生的變形，在變質岩岩理的形成上，扮演了重要的角色。

在地表溫度相對低的環境中，岩石變得容影脆化，一遇到應力差便容易破裂。持續性的破壞會把礦物顆粒磨碎、甚至磨成粉末，相反的，在高

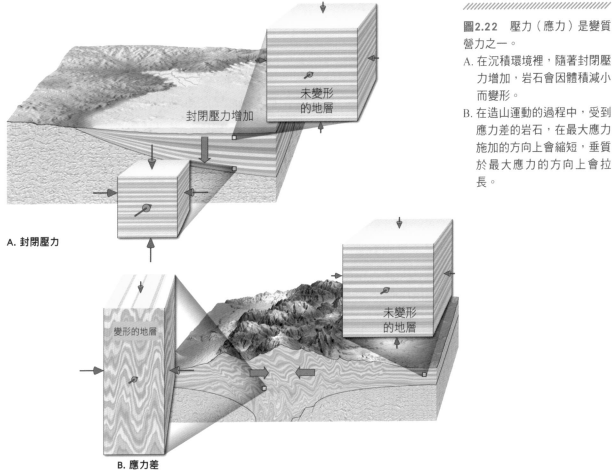

A. 封閉壓力

封閉壓力增加

未變形
的地層

變形的地層

B. 應力差

未變形
的地層

/////////////////////////////////

圖2.22　壓力（應力）是變質
營力之一。

A. 在沉積環境裡，隨著封閉壓
力增加，岩石會因體積減小
而變形。

B. 在造山運動的過程中，受到
應力差的岩石，在最大應力
施加的方向上會縮短，垂質
於最大應力的方向上會拉
長。

溫環境中,岩石則具有延展性。當岩石具有延展性的表現,裡面的礦物顆粒會在受到應力差時,傾向於變扁或拉長,如此說明了此岩石有流動式(非破裂式)變形的能力,才能造就出複雜又細緻的褶皺。

變質營力之三:促進化學反應的流體

地質學家認為,主要成分為水與揮發物(在地表環境條件下會立即變成氣體的物質,包括二氧化碳)的流體,在某些變質作用中亦扮演舉足輕重的角色。環繞在礦物顆粒周圍的流體,作用就好像催化劑一樣,會增強離子移動的能力,促使再結晶作用發生。在愈熱的環境中,這種富含離子的流體就變得更容易起反應。

當兩個礦物顆粒擠壓在一起,它們結晶構造互相貼緊的部分,承受的壓力最大,這部分的原子很容易就會溶解在熱的流體中,然後移動到兩個顆粒之間的孔隙中。因此,利用溶解高應力區域的物質,再將它們析出(沉澱)於低應力區域,熱液具有幫助礦物顆粒再結晶的功效。結果,礦物傾向在垂直於擠壓應力的方向上再結晶,顆粒因此變長。

倘若熱液能在岩石間任意流動,離子交換就可能在鄰近的岩層間發生,或者,離子在最終沉澱之前,可能移動了很長一段距離。當我們考慮到熱液會在侵入的岩漿體結晶之時逸失,那麼後者的情況尤其普遍。如果岩漿周圍的岩石在成分上與侵入的熱液迥然不同的話,熱液與母岩間就可能發生大量的離子交換,果真如此的話,岩漿周圍岩石的組成成分將徹底改變。

▶ 變質岩的岩理

岩石的變質程度反映在它的岩理和礦物成分上(記得我們說過,岩理這個詞是用來形容岩石顆粒的大小、形狀與排列方式)。當岩石經歷低度變

質作用，會變得更緊密，密度也就愈高。變質岩板岩就是常見的例子，它是頁岩受到高溫、高壓後變質而成的，然而所謂的高溫高壓，只是比壓實沉積岩使之岩化所需的溫度、壓力，稍微高出一點點而已。在板岩的例子中，應力差造成頁岩中細微的黏土礦物排列得更為緊密，形成板岩。

在更為極端的條件下，應力會促使某些礦物再次結晶。通常的情況是，再結晶作用會促使礦物長成更大的晶體。因此，許多變質岩內含有肉眼可見的結晶，很像粗顆粒的火成岩。

葉理

葉理是指岩石內礦物顆粒或構造特徵呈現任何平面狀的排列方式（圖2.23）。儘管有些沉積岩，甚至少數幾種火成岩內也可能發生葉理，但它卻是區域變質岩的基本特徵，也就是說，這些曾經經歷嚴重變形的岩石，主要是由褶皺作用造成的。在變質環境中，受到壓縮應力的作用，造成岩石中的礦物顆粒變成平行（或接近平行）排列，最後形成了葉理。葉理的例子包括平板狀礦物的平行排列，例如雲母；扁狀卵石的平行排列；成分上的帶狀排列，也就是深、淺礦物分離，形成分層構造；岩石的解理，使岩石容易破裂成一片片的板狀。

非葉理狀岩理

並非所有的變質岩都顯現出葉理狀的岩理，沒有出現葉理的，就稱為非葉理狀的變質岩，是在變形作用細微的環境下生成的，而且母岩是由結晶大小相等的礦物所組成，例如石英或方解石。舉例而言，當細質顆粒的石灰岩（由方解石組成）受到熱岩漿的侵入而變質時，細小的方解石顆粒會再次結晶，形成嵌合在一起的較大結晶，後來變質成的大理岩（marble），

圖2.23 在變質作用的壓力下，某些礦物顆粒會重新定向，以垂直於應力的方向排列。結果，礦物顆粒的排列讓岩石產生了葉理狀（層狀）岩理。倘若左圖的粗粒火成岩（花崗岩）經歷了強烈的變質作用，最後它可能會跟右圖的變質岩（片麻岩）長得極為類似。

（Photos by E. J. Tarbuck）

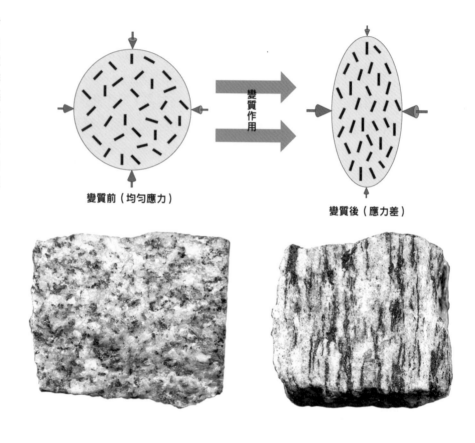

會顯現出顆粒大小相等、無特定排列方向的大結晶，與粗顆粒火成岩裡看到的結晶類似。

　　讓我們回顧一下，變質作用會讓既有的岩石發生許多變化，包括密度增加、生成較大的結晶、葉理（礦物顆粒重新排列成層狀或帶狀）、以及低溫礦物轉變成高溫礦物（圖 2.24）。此外，離子的交換產生了新的礦物，有些還具有重要的經濟價值。

//

圖2.24　常見變質岩的分類

岩石名	岩理	顆粒大小	注解	原始母岩
板岩	葉理狀	非常細粒	完美的岩石解理，平滑無光澤的表面	頁岩、泥岩或粉沙岩
片岩	 葉理狀	中粒到粗粒	主要為雲母礦物，鱗片狀葉理	頁岩、泥岩或粉沙岩
片麻岩	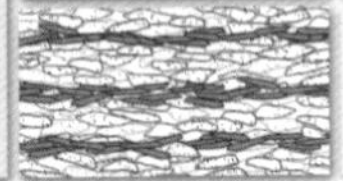 葉理狀	中粒到粗粒	礦物分離，導致成分上的帶狀排列	頁岩、花崗岩或火山岩
大理岩	非葉理狀	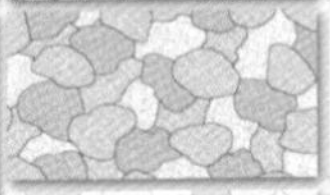 中粒到粗粒	嵌合在一起的方解石或白雲母顆粒	石灰岩、白雲岩
石英岩	 非葉理狀	中粒到粗粒	熔合的石英顆粒，大塊，非常堅硬	石英砂岩
無煙煤	 非葉理狀	細粒	黑色有光澤的岩石，可能展現貝殼狀的斷口	煙煤

（變質程度增加）

常見的變質岩

以下簡單介紹因變質作用而產生的常見變質岩。

葉理狀變質岩

　　板岩是顆粒非常細的葉理狀變質岩，是由連肉眼都分辨不出的細微雲母碎片所組成（圖 2.25）。板岩的一項顯著特徵，是它完美的岩石解理，也就是非常容易破裂成平板狀。這個特性使板岩成為製做屋頂、地磚與撞球

圖2.25 常見的變質岩。
（Photos by E. J. Tarbuck）

桌的有用石材。板岩通常是頁岩經過低度變質所形成的，火山灰經過變質所形成的板岩則非常罕見。板岩的顏色有很多種，黑色板岩含有有機質，紅色板岩的紅色來自於氧化鐵，綠色板岩則通常由雲母狀的綠色綠泥石所組成。

片岩的葉理非常明顯，是由區域變質作用所形成的（圖 2.25）。它們是片狀的，且很容易分離成薄碎片或薄板。許多片岩跟板岩一樣，都是從母岩頁岩變質而來的，不過片岩形成的變質環境較板岩更為極端。片岩這個名詞描述的是岩石的岩理，無關乎它的組成成分，例如，主要由白雲母和黑雲母組成的片岩，就稱為雲母片岩。

片麻岩這個名詞是用在帶狀的變質岩上，主要的礦物組成是被拉長過的粒狀礦物（圖 2.25）。片麻岩中最普遍的礦物是石英與長石，還有少量的白雲母、黑雲母與角閃石。片麻岩內深色與淺色矽酸鹽礦物分離得非常顯著，使片麻岩呈現獨特的帶狀岩理。若片麻岩持續存在於高溫高壓的地下深處，帶狀的片麻岩可能會變形成複雜卻構造精細的褶皺。

非葉理狀變質岩

大理岩是粗顆粒的結晶岩石，是從母岩石灰岩變質而成的。大理岩是由嵌合在一起的大顆粒方解石所組成，而大顆粒的方解石則是從母岩中較小的顆粒經過再結晶而形成的。由於大理岩的顏色及其較低的硬度（依據摩氏硬度表，硬度只有 3），因此成為很受歡迎的建築石材。白色大理岩特別受到珍愛，因為它可以用來雕塑紀念碑與雕像，如美國華盛頓哥倫比亞特區的林肯紀念堂（圖 2.26）。母岩所含的雜質讓變質後的大理岩呈現多種顏色，所以我們才會看到粉紅色、灰色、綠色，或甚至黑色的大理岩。

圖2.26　由於大理岩很容易再加工，這使它成為最廣泛使用的建築石材。
左圖是美國華盛頓哥倫比亞特區的林肯紀念堂，白色外觀主要是由大理岩建造的，石材則來自科羅拉多州大理岩鎮的採石場。粉紅色田納西州大理岩則是用來鋪設紀念堂內部的地板，阿拉巴馬州大理岩用於天花板，而林肯先生的雕像本身則是採用喬治亞州的大理岩。右圖是印度泰姬瑪哈陵，外觀主要也是由變質岩大理岩建築而成。

（Photos by iStockphoto/Thinkstock）

你知道嗎？

　石英岩是硬度非常高的變質岩，大多是從石英砂岩變質而來。歷經中度到高度的變質作用，砂岩中的石英會熔合。純石英岩呈白色，但摻入了氧化鐵的話，可能會產生紅色或粉紅色斑點，而深色礦物則會讓石英砂岩變成灰色。

■ 岩石分為三大類型，分別是火成岩、沉積岩與變質岩。火成岩是岩漿在結晶的過程中冷卻、固化後形成的；沉積岩是沉積物經過岩化作用後形成的；變質岩則是岩石在變質作用中受到高壓與熱而形成的。

■ 火成岩是根據其岩理與礦物組成來分類。

■ 岩漿冷卻的速率大大影響了火成岩內礦物結晶的大小，也因此影響了其岩理。四種基本的火成岩岩理為：(1) 細粒、(2) 粗粒、(3) 斑狀、(4) 玻璃質。

■ 依據內含的深色與淺色矽酸鹽礦物的比例，火成岩可以粗略區分為：長英質火成岩（如花崗岩與流紋岩），絕大部分是由淺色矽酸鹽類礦物鉀長石與石英所組成；中性火成岩（如安山岩），含有斜長石與角閃石；鐵鎂質火成岩（如玄武岩），含有豐富的輝石與富鈣斜長石。

■ 火成岩是從岩漿結晶而來的，因此火成岩的礦物組成最終是由岩漿的化學成分所決定。包溫證明了當岩漿冷卻時，礦物會在不同溫度依序結晶。岩漿分異作用改變了岩漿的成分，這使得同一母岩漿可以形成一種以上的岩石。

■ 風化作用是地表物質對於環境改變的反應，機械式風化是物質因物理性的崩解作用而破裂成小碎片的過程，冰楔、片裂作用與生物活動都屬於機械式風化作用。化學式風化則是礦物的內部

結構因元素的移去或加入而受到改變的過程。當物質氧化或是與酸（如碳酸）進行反應時，就是發生化學式風化作用。

■ 碎屑沉積物源自於風化作用產生的固態顆粒，並被搬運到他處。化學沉積物是可溶解的物質，絕大多數是由化學式風化所形成的，再從無機或生物作用中沉澱出來。碎屑沉積岩是用沉積顆粒的大小來分類的，含有各式各樣的礦物與岩石碎片，其中黏土礦物與石英是首要組成物質。化學沉積岩通常含有生物作用的產物，或是水分蒸發後所沉澱出的礦物結晶。岩化作用是指沉積物轉變成固態沉積岩的過程。

■ 常見的碎屑沉積岩包括頁岩（最普遍的沉積岩）、砂岩與礫岩。地球上蘊藏最豐富的化學沉積岩是石灰岩，主要是由礦物方解石組成的。石膏岩與鹽岩是因水分蒸發所形成的化學沉積岩。

■ 時常用來解讀地球歷史與過往沉積環境的幾種沉積岩特徵，是地層、層面與化石。

■ 變質作用分為兩種：(1) 區域變質作用，與 (2) 接觸變質或熱變質作用。變質作用的營力包括熱、壓力（應力）、與促進化學反應的流體。其中熱最為重要，因為熱提供的熱能可以驅使反應發生，造成礦物再結晶。變質作用會使岩石發生許多變化，包括密度增加、生成較大的礦物結晶、礦物顆粒重新排列成層狀或帶狀（也就是葉理），以及新礦物的形成。

■ 具有葉理狀岩理的常見變質岩有板岩、片岩與片麻岩，非葉理狀岩理的變質岩包括大理岩與石英岩。

關鍵名詞解釋

化石 fossil　地質歷史所保存下來的生物殘骸或痕跡。

化學式風化作用 chemical weathering　藉由移除或增加元素，來改變礦物的內部結構，在轉變的過程中，原來的岩石會轉變成在地表環境中較為穩定的物質。

化學沉積岩 chemical sedimentary rock　岩石中所含的物質，是經由有機或無機方法，從水中沉澱出來的。

火成岩 igneous rock　因熔融岩漿的結晶作用所形成的岩石。

片裂作用 sheeting　當大塊的侵入型火成岩因侵蝕作用而暴露在地表時，一整片的板岩會像洋蔥那樣，一層層開始剝落，就稱為片裂作用。、

包溫反應系列 Bowen's reaction series　由包溫所提出的概念，描述火成岩形成時，岩漿與其結晶出的礦物之間的關係。

玄武岩類組成 basaltic composition　火成岩依其組成成分所細分出的其中一類，這類岩石含有大量深色矽酸鹽類礦物，以及富含鈣的斜長石。

冰楔作用 frost wedging　岩石裂縫或裂隙內的水冰凍後膨脹，造成岩石發生機械性破裂的過程。

地層 strata, bed　互相平行的沉積岩層。

多孔岩理 vesicular texture　細顆粒火成岩裡含有許多稱為氣孔的小空洞，是熔岩流外層因氣體逸失所產生的孔洞，此名詞便是用來敘述這種火成岩。

安山岩類（中性）組成 andesitic (intermediate) composition　組成火成岩的其中一類，其中含有至少 25% 的深色矽酸鹽類礦物，其他的主要礦物是斜長石。

沉積岩 sedimentary rock　曾經存在的岩石經風化作用後的產物，被搬運、沉積與岩

　　化後所形成的岩石。

沉積物 sediment　由岩石的風化與侵蝕作用、水中溶液的化學沉澱作用、生物的分
　　泌作用所產生，並可被水、風與冰川搬運的未固結顆粒。

岩化作用 lithification　沉積物轉變為固態岩石的過程，通常是透過膠結作用與（或）
　　壓實作用來完成。

岩石循環 rock cycle　描繪三種岩石的起源，以及地球物質與作用之間相互關係的一
　　種模型。

岩理 texture　集合起來組成岩石的顆粒，其大小、形狀以及分布形態。

岩漿 magma　地球深部的熔融岩石，包括任何溶解的氣體與熔融的結晶。

岩漿分異作用 magmatic differentiation　從同一種母岩漿形成的一種或多種次岩漿的
　　過程。

花崗岩類組成 granitic composition　組成火成岩的其中一類，幾乎全部由淺色的矽
　　酸鹽類礦物所組成。

長英質 felsic　見「花崗岩類組成」。

非葉理狀岩理 nonfoliated texture　不展現葉理結構的變質岩。

侵入型（深成型）intrusive (plutonic)　在地表之下形成的火成岩。plutonic 英文來自
　　神話裡的冥府之神 Pluto，這亦是冥王星的英文。

玻璃質岩理 glassy texture　用來形容某些火成岩的岩理，例如不含有結晶的黑曜岩。

風化作用 weathering　發生在地表或接近地表的岩石碎裂與分解過程。

區域變質作用 regional metamorphism　跟大規模造山運動有關的變質作用。

接觸（熱）變質作用 contact (thermal) metamorphism　鄰近岩漿體的熱造成岩石產
　　生變質作用。

粗顆粒岩理 coarse-grained texture　一種火成岩岩理，內部結晶顆粒大小約略相
　　同，且每一顆礦物大到只用肉眼就可以辨識。

細顆粒岩理 fine-grained texture　一種火成岩岩理，內部結晶顆粒太小，無法用肉眼
　　辨識出每一顆礦物。

斑狀岩理 porphyritic texture 在許多細小結晶的基質內，嵌入了大顆結晶的一種火成岩岩理。

結晶沉降 crystal settling 在岩漿結晶的過程中，較早生成的礦物比液體的部分重，所以沉澱到岩漿庫底部。

超鎂鐵類組成 ultramafic composition 組成火成岩的其中一類，其中的岩石大多數含有橄欖石與輝石。

碎屑沉積岩 detrital sedimentary rock 從機械式風化與化學式風化生成的固體顆粒，被搬運並堆積後形成的岩石。

葉理 foliation 用來形容一種平面狀排列的岩理特徵，通常展現在變質岩上。

熔岩流 lava 抵達至地表的岩漿。

蒸發礦床 evaporite deposit 湖水或海水經蒸發作用，由原本溶解其中的礦物沈澱而成的地質特徵。

噴出型（火山型）extrusive (volcanic) 發生在地殼之外的火成活動，volcanic 的英文來自於羅馬火神 Vulcan。

機械式風化作用 mechanical weathering 一大顆石頭碎裂成許多小岩屑，每一顆碎屑仍保有此岩石原有的特性。

鎂鐵類 mafic 含鎂與鐵的岩石。英文命名來自鎂（magnesium）與鐵（ferrum）的拉丁文。

變質作用 metamorphism 在地球內部受到高溫高壓，使岩石的礦物組成與岩理發生變化的過程。

變質岩 metamorphic rock 地球內部已經存在的岩石（仍然為固態），受到熱、壓力與（或）有化學活性流體的作用，而發生改變的岩石。

1. 請利用岩石循環來解釋「任何岩石都可能是其他岩石的原料」。

2. 如果地表的一處熔岩流具有玄武岩成分，那麼此地的熔岩流可能是什麼類型的岩石？（請見圖 2.8）如果同一來源的岩漿並未抵達地表，卻在地下深處結晶的話，會形成何種火成岩？

3. 火成岩內的斑狀岩理在地質歷史上代表何意義？

4. 花崗岩與流紋岩有何差別？又有何相同點？

5. 請敘述火成岩的分類與包溫反應系列的關連。

6. 假使兩塊相同的岩石都經歷了風化作用，一塊是遭受機械式風化，另一塊是化學式風化，那麼這兩塊岩石風化後的產物有何不同？

7. 若化學式風化加上機械式風化，會產生何種效應？

8. 自然界中的碳酸是如何形成的？當碳酸與鉀長石發生反應會產生什麼產物？

9. 碎屑沉積岩中最常見到哪些礦物？為何這些礦物如此豐富？

10. 分辨碎屑沉積岩的主要依據為何？

11. 請問化學沉積岩分為哪兩類？如何分類？

12. 請問蒸發礦床為何？請舉出任一種蒸發礦床。

13. 對何種大小的沉積物來說,壓實作用是很重要的岩化過程?

14. 請問沉積岩最具象徵性的特徵可能為何?

15. 請問何為變質作用?

16. 請列出變質作用的三種營力,並敘述它們所扮演的角色。

17. 請區分區域變質作用與接觸變質作用。

18. 哪一種特徵最容易將「石英岩、大理岩」與「片岩、片麻岩」區分開來?

19. 變質岩與它們的火成岩或沉積岩母岩有何不同?

第二部
刻劃地表

地景
——水孕育大地

03

學習焦點

留意以下的問題，
對掌握本章的重要觀念將相當有幫助：

1. 岩石循環中的外部作用扮演了什麼角色？
2. 在地形發展的過程中，塊體崩壞扮演了什麼樣的角色？
3. 塊體崩壞的控制力為何？觸發塊體崩壞的因子又為何？
4. 什麼是水循環？驅使水循環進行的能量來源為何？
5. 有哪些因素決定河流的流速？
6. 河流包含哪三種作用？
7. 河流的基準面如何影響它的侵蝕力？
8. 常見的河流水系型有哪些？
9. 地下水做為資源與地質營力，分別有何重要性？
10. 地下水是什麼？它如何流動？
11. 跟地下水有關的常見自然現象有哪些？
12. 地下水發生了哪些環境問題？

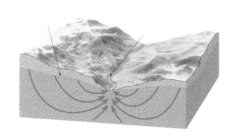

　　地球是動態的行星。火山與其他內部作用使陸地抬升，然而相反的外部作用卻持續將之弭平。太陽與重力驅使發生在地表的外部作用，岩石瓦解與分解後，被重力帶往低處，再隨水、風和冰漂流到各個角落。藉著這樣的方式，刻劃出大自然的地景。

 # 地球的外部作用

　　風化作用、塊體崩壞與侵蝕作用是所謂的外部作用，這是因為它們發生在地表或接近地表之處，而且驅動的能量來自太陽的緣故。外部作用是岩石循環最基本的一環，因為它們負責把完整的大塊岩石變成沉積物。

　　對於一般非嚴謹的觀察者來說，地球的面貌可能看起來沒什麼變化，並未因時間而受影響，事實上，200 年前的人們大多相信，地球上高山、湖泊和沙漠是永恆的風景，而且地球的年齡也不過幾千歲而已。然而，今日我們已經知道地球有 46 億年的歷史，而高山終究會屈服於風化與侵蝕，湖泊會被沉積物填滿或是因河流而乾涸，沙漠受到氣候變遷而時有時無。

　　地球是動態的天體，地表的某些部分因為造山運動與火山活動而逐漸抬升、隆起，這些內部作用的能量來自地球內部。然而與此同時，相反的外部作用也持續把岩石分解，再把岩屑搬送到地勢較低的地點。外部作用包括以下三種：

1. 風化作用：地表或鄰近地表處的岩石遭到物理崩解與化學分解作用。
2. 塊體崩壞：在重力的作用下，岩石與土壤沿山坡向下移動。
3. 侵蝕作用：物質因動態的營力（如流水、海浪、風力或冰川）產生的物理

性搬移作用。

　　風化作用在第 2 章已經談過了，在這章裡，我們將把焦點放在塊體崩落，以及兩種重要的侵蝕作用上。第 4 章則會探討另外兩種重要的侵蝕作用——冰川與風力。

 # 地球系統：岩石循環

　　地球表面絕對不是完美的平面，而是由坡面所構成。有些坡面陡峭，甚至是懸崖峭壁，有些則是斜度適中或平緩；有些坡面長而平，有些則是短而陡；有些山坡的表面覆蓋著土壤，上面長滿植物，有些則是荒蕪的碎石坡，寸草不生。地表上的山坡各式各樣，型態萬千。

　　雖然大部分的山坡看起來都靜止不動，然而它們卻不是靜態的，因為重力會讓物質向下坡移動。有時候，移動可能很緩慢，幾乎無法察覺到，但相反的，有時候移動可能是轟隆作響的岩屑流（debris flow）或是如雷鳴巨響般令人震驚的岩石崩瀉（avalanche）。山崩（landslide）是全球性的天然危害，而當這些大自然的作用力導致生命與財產的損失之時，就變成了天然災害。

你知道嗎？

雖然很多人（包括地質學家）常常使用「山崩」、「走山」、「坍方」這幾個名詞，但它在地質學裡並沒有特定的定義，倒不如說它是通俗用語或是非技術性的專有名詞還差不多。凡是形容具有塊體崩壞形式的快速運動，都可以稱為山崩、走山或坍方。

塊體崩壞與地形發展

　　塊體崩壞是常見的地質作用。塊體崩壞是岩石與土壤在重力作用的直接影響下造成的下坡運動，它與侵蝕作用明顯不同，因為塊體崩壞不需要水、風或冰川等搬運媒介。塊體崩壞有許多型式，圖 3.1 列舉出其中四種。

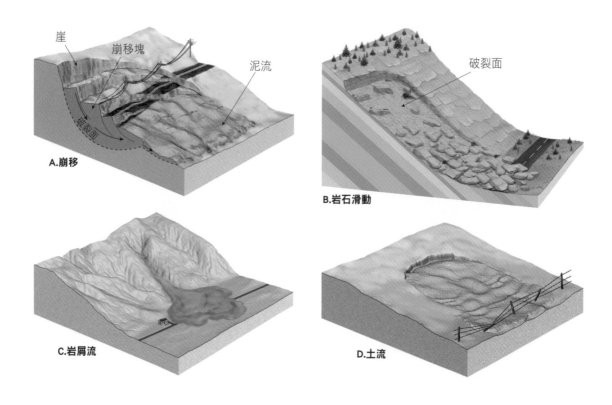

崖

崩移塊

泥流

破裂面

破裂面

A.崩移

B.岩石滑動

C.岩屑流

D.土流

圖3.1　這裡所繪的四種地質作用，是一般認為移動相對快速的幾種塊體崩壞。由於土石在A崩移與B岩石滑動的情況中，是沿著既有的破裂面移動的，所以稱這樣的運動為滑動。相反的，當土石是以黏稠流體的姿態移動的話，我們稱為流動。岩屑流C與土流D都是以這種方式向下坡移動。

塊體崩落的角色

在地形發展的過程中，塊體崩壞通常在侵蝕作用之後發生。一旦風化作用動搖岩塊或把岩石分解開來，塊體崩壞便會把岩屑往下坡搬送，然後下方的河流往往會把岩屑帶走，宛如一條輸送帶（圖 3.2）。雖然沿途會有許多阻斷的障礙，沉積物終究仍會被搬運到最後的目的地——海洋。河谷是地表最常見也是最顯著的地形，河谷的形成靠的是塊體崩壞與流水的合併效益，這部分我們留待這一章的後半部再來討論。

圖3.2 美國大峽谷的岩壁是由科羅拉多河河床擴大出來的結果。主要的原因是風化後的岩屑，被塊體崩壞作用順著坡面搬運到科羅拉多河與其支流裡。
（Photo by iStockphoto/Thinkstock）

如果河谷的產生只是因為有水在河裡流動的話，河谷本身只會是細窄的河道，然而，事實上大部分河谷的寬度要大於深度，這一點有力的凸顯了，塊體崩壞把土石提供給河流的重要性。峽谷的岩壁寬度大於河道，因為風化後的岩屑，被塊體崩壞作用順著坡面帶到河川及其支流裡，藉著這種方式，河川與塊體崩壞聯合起來刻劃與「修改」地表。當然，冰川、地下水、海浪與風力，同樣也是塑造地形與孕育地景的重要營力。

坡度隨時間變化

大部分快速且驚人的塊體崩壞，都發生在地形嚴峻且地質年代較年輕的高山上。剛形成的山脈很快就會遭河川與冰川侵蝕，產生陡峭與不安定的山坡，這樣的條件正好易於發生具毀壞性的大規模山崩。當造山運動落幕後，塊體崩壞與侵蝕作用便接手，進行降低地表高度的工作，經過一段時間，陡峭與高低不平的山坡，會變成更平緩、更低平的地勢。因此，隨著時間的演進，地景的塊體崩壞作用會從大規模的快速移動，漸漸變成較不劇烈的小規模下坡運動。

▶ 塊體運動的控制與觸發

重力是控制塊體崩壞的力，但是有幾個因素在克服慣性並產生下坡運動中，扮演了重要角色。早在山崩發生之前，各種施加在坡面物質上的作用就開始使坡面動搖，使其愈來愈容易受重力拉引。在這段期間內，坡面雖然維持穩定，然而卻愈來愈趨於不穩定，終於，斜坡的力被削弱到臨界點，有某樣東西讓它從穩定狀態，跨越過不穩定的門檻，因此我們把促使下坡運動發生的這個事件，稱為觸發（trigger）。請記住，觸發事件不是造成塊體崩壞發生的單一原因，而只是眾多原因中，最後發生的一個。

美國每年因各種塊體崩壞所造成的破壞損失，

保守估計超過 20 億美金。

全世界每年因塊體崩壞而造成的破壞損失，

更是龐大得難以估量。

水所扮演的角色

滂沱大雨或是融雪的日子過後，坡面的含水量飽和，有時就會觸發塊體崩壞。

當沉積物內部的孔隙被水填滿，顆粒間的內聚力就受到破壞，沉積物顆粒之間很容易可以彼此滑動。舉例來說，若砂粒只有些微潮濕，砂粒會互相黏得很牢，但如果加進足量的水，把砂粒之間的縫隙填滿，砂粒就會往任意方向流出。因此，飽和度會減低物質的內部阻力，使物質易因重力作用開始移動。另一個水的「潤滑」效應的例子，就是浸濕的黏土會變得非常滑。此外，水加諸於物質的重量也非常可觀，光是水增加的重量，就足以讓物質向下波滑動或流動。

太過陡峭的坡度

斜坡變得太陡是另一個觸發塊體崩壞的原因，大自然中這樣的情況屢見不鮮。河川下切河谷的谷壁，以及海浪拍擊懸崖的底部，是常見的兩個例子。此外，人類活動也常常製造出過於陡峭與不穩定的坡面，最後演變成塊體崩壞的主要發生地點。

未固結的粒狀（砂粒大小或更粗粒）沉積物呈現的穩定坡度，我們稱為休止角，是物質維持穩定斜面的最大角度。根據沉積顆粒與形狀的不

同，休止角的範圍介於 25 度到 40 度，顆粒愈大、稜角愈多的沉積物，愈能維持陡峭的坡面，但假若坡度大過休止角，岩屑就會產生下坡運動。

坡度太過陡峭之所以重要，不僅是因為它能觸發未固結的粒狀物質發生下坡運動，也是因為它在黏性土、風化層（regolith）與基岩中，會產生不穩定的斜面。雖然反應未必同疏鬆的粒狀物質來得立即，但遲早會發生一種或一種以上的塊體崩壞，以去除坡度太陡的情況，恢復坡面的穩定性。

植被的移除

植物保護坡面不受侵蝕作用的傷害，並對坡面的穩定性具有貢獻，因為植物的根部系統會把植物本身與土壤、岩屑綁在一起。欠缺植被的地方，塊體崩壞的威脅也會升高，尤其是在陡峭的坡面，以及潮濕多雨的地方。如果具有抓地力的植物被大火燒光，或遭人為墾除（為了伐木、農耕或土地開發）的話，坡面上的物質時常會向下坡移動。

地震的觸發

在所有的觸發當中，最重要也最能引發劇烈塊體崩壞的，要算是地震了。地震和餘震能撼動極大體積的岩石，以及未固結的物質。在許多發生地震的地區，地震本身並沒有直接造成嚴重的損害，而是震動引發的山崩與地面下陷，釀成了重大的災害。

未受觸發的山崩

快速的塊體崩壞事件，一定需要像大雨或地震這樣的觸發才會發生嗎？答案是否定的，許多快速的塊體崩壞在發生前，並沒有明顯且足以辨識的觸發事件。在長時間的風化、水的滲透與其他物理作用的影響下，斜坡上的物質經年累月逐漸遭受動搖，最後，假使物質受到的支撐力不足以

維持坡面的穩定，就會發生山崩。這種無預警的事件是隨機發生的，不可能做到精確的預測。

 # 水循環

江河都往海裡流，海卻不滿；江河從何處流，仍歸還何處。

《聖經》〈傳道書 1:7〉

　　如同〈傳道書〉裡的精闢見解，水的移動永不止息。從海洋到大氣，再到陸地，然後再回到海洋，這種永無終止的循環就叫稱為水循環。本章在剩下來的篇幅裡，將探討水循環裡的水回到海洋的這個部分。有些水在河川裡流，有些則在地底下慢慢流。我們將為你解析有哪些因素影響了水的分布與流動，並看看水是如何刻劃出地景的樣貌。大峽谷、尼加拉瀑布、黃石公園的老忠泉與美國肯塔基州猛獁洞窟國家公園的存在，都要歸功於水一路往海裡流的動作與行為。

地球上的水無處不在，海洋、冰川、溪流、湖泊、空氣、土壤裡都有水，連生物身體裡的組織都含有大量的水，這些所有的「水庫」組成了地球的水圈。水圈裡所有的水加起來，估計有 13 億 6000 萬立方公里之多，其中絕大多數都存在於地球的海洋裡，約占 97%。冰層與冰川的貢獻約占 2%，剩下的不到 1% 則由湖泊、溪流、地下水與大氣（請見第 16 頁圖 0.4）分攤。雖然對湖泊、溪流、地下水與大氣構成的這 1%，雖然只占地球上全部水的一小部分，然而實際的量仍然非常豐沛。

水循環是全球性的龐大系統，由太陽能驅動，其中大氣圈在海洋與陸地之間扮演了關鍵性的連結角色（圖 3.3）。海洋裡的水蒸發到大氣中，與海洋相比，陸地上的水也有少部分蒸發到大氣中，然後風把潮濕的空氣吹送到很遠的地方，接下來複雜的成雲作用最終導致降雨。降雨落在海洋裡就完成了一次水循環，而另一輪迴的水循環則蓄勢待發；但假使降雨是落在陸地上，水就必須找出路回到海洋。

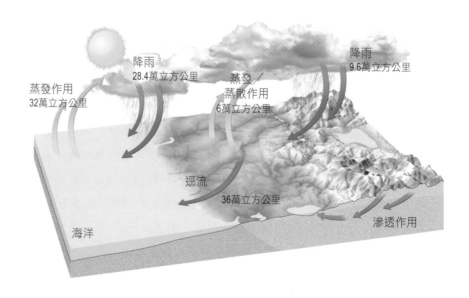

圖3.3 地球的水平衡。
每一年，太陽的能量蒸發了約 32 萬立方公里的海水，從陸地（包括湖泊和河川）蒸發與蒸散的水量則估計有 6 萬立方公里。這總計 38 萬立方公里的水中，大約 28.4 萬立方公里的水會以降雨的方式回到海洋，剩下的 9.6 萬立方公里的水則下落到陸地。而在這 9.6 萬立方公里的水中，只有 6 萬立方公里會藉著蒸發與蒸散作用回到大氣圈，其餘的 3.6 萬立方公里的水，則在返回海洋的旅途中，侵蝕陸地的地表。

降雨
28.4萬立方公里

降雨
9.6萬立方公里

蒸發作用
32萬立方公里

蒸發／
蒸散作用
6萬立方公里

逕流
36萬立方公里

滲透作用

海洋

降雨一旦落在陸地上會發生什麼事呢？有一部分的水會吸收進地面
（稱為滲透作用），慢慢向下流動，然後做橫向流動，最後滲入湖泊、河
川，或直接滲入大海。當降雨的速率超過陸地吸收的能力，多餘的水就會
直接從地表流到湖泊與河川，這個過程稱為逕流。大部分滲透或是逕流的
水，最終都會返回到大氣圈，因為水會從土壤、湖泊和河川蒸發出來。此
外，有些水滲入地面後會由植物吸收，之後仍會釋放到大氣中，這樣的過
程稱為蒸散作用。

當降雨落在非常寒冷的地方，例如在海拔很高或是緯度很高的地區，
雨水可能不會立即由土壤吸收，也不形成逕流或立即蒸發，而是可能變成
冰原或冰川的一部分。正因為如此，冰川在陸地上儲存了非常大量的水，
如果現今所有的冰川都融化成水，全球海平面會上升好幾十公尺，許多人
口擁擠的沿海地區都會遭海水淹沒。我們在之後的《觀念地球科學》第 2
冊第 4 章裡也會談到，在過去的兩百萬年間，曾經有幾次事件造成巨大冰
層的形成與融化，每一次都影響了地球水圈的平衡。

圖 3.3 也顯示出地球水平衡的大致模式，以及經歷水循環中每個部分的
水量。不論是哪一次，水蒸發到大氣中的量，只是地球總水量的非常微小
的一部分，然而，一年之間，曾經循環到大氣的「絕對」水量則是多到驚
人的地步，約莫 38 萬立方公里，足夠覆蓋地球的全部地表、且深度達到 1
公尺。

每一年，單一農地所蒸散的水量，
可以覆蓋此農地達 60 公分深。
相同面積的林地，
每年釋放到大氣中的水量則是農地的兩倍。

你知道嗎？

　　瞭解水循環是處於平衡狀態很重要。因為水蒸發到大氣中的總量大致維持不變，所以全球的年平均雨量必須等同於水蒸發的量。然而，把所有陸地的降雨加總，卻超過了從陸地蒸發的總水量；相反的，海洋蒸發的水量超過了降雨的量。由於全球的海水位並沒有下降，因此整個系統必須處於平衡。圖 3.3 中所示，每年從陸地會有 3 萬 6 千立方公里的水回到海洋，而這會造成嚴重的侵蝕作用，事實上，龐大的流動水量，是刻劃地球陸地表面最重要的單一營力。

　　總結來說，水循環是水從海洋到大氣、從大氣到陸地，再從陸地返回海洋的一個不間斷運動，這個「從陸地回到海洋」的步驟，是削磨陸地地表的主要作用過程。在本章接下來的篇幅中，我們將要觀察流水流過地表的作用，包括洪水、侵蝕作用與河谷的形成。之後，我們要到地面下，去看看地下水如何在返回大海的漫長旅途中，慢工出細活，造就出泉水與洞穴，並提供我們飲用水源。

 # 流動的水

　　記得我們前面提過，降雨下落至陸地時，絕大部分不是進入土壤裡（滲透），就是留在地表，以逕流的方式向下坡移動。水不滲透進地表，而是以逕流的方式存在於地表上，取決於幾個重要因素：(1) 下雨的強度與持續性；(2) 土壤裡既有的含水量；(3) 地表物質的特性；(4) 坡度；(5) 植被的範圍與種類。當地表物質具有高度不透水性，或它已經飽和之時，逕流就成為雨水的主要出路。逕流在都市地區較為明顯，因為都市中有很大的面積，都被不透水的建築物、道路與停車場覆蓋。

　　逕流一開始是坡面上一層寬寬、薄薄的水流，這些自由流動的水會發展成幾縷水流，形成細小的河道，我們稱做細溝，細溝匯合形成了雛谷，雛谷再匯合形成了河流。最初，河流非常的細小，然而一旦與另一條河流交會，就會形成愈來愈大的河流，最後發展成在寬廣區域流動的河川。

流域

　　為河流系統提供水源的整個陸地範圍，稱為流域（圖 3.4）。一條河流的流域，與另一條河流的流域，是以一條假想的線來區隔，我們稱這條線為分水嶺（請見圖 3.4）。分水嶺的規模，可以小從分開兩條小雛谷的山脊，大到大陸分水嶺，把整個大陸分割成數個龐大的流域。美國密西西比河就擁

　　圖3.4 流域指的是利用一條河流及其支流做為排水的陸地區域，分水嶺則是劃分流域的界線。不論河流的規模如何，各種河流都存在有流域與分水嶺。美國黃石河的水，是流入密蘇里河的眾多水源之一，而密蘇里河則是組成密西西比河流域的眾多河流之一。密西西比河流域是北美幅地最大的，面積大約320萬平方公里。

有北美最大的流域，西從洛磯山脈延伸到東邊的阿帕拉契山脈。密西西比河及其支流，從大陸上超過 320 萬平方公里的面積，不斷的匯集水源。

河流系統

河流系統不僅包含了河流水道的網絡，更包含了整個流域。根據系統內主導作用的不同，可分為三個區域：侵蝕作用為主的沉積物生成區、以及沉積物搬運區與沉積物沉澱區（圖 3.5）。不管每一區裡面是由何種作用所主導，分辨出沿整條河流的沉積物是處於被侵蝕、搬運或沉澱狀態，都是非常重要的。

沉積物生成區位於河流系統的上游，是大部分水源取得與沉積物生成的地方。許多被河流帶走的沉積物，其前身都是基岩，後來受到侵蝕作用而破裂，再被塊體崩壞作用或是淹過陸地的水流，搬運到下坡處。河岸侵蝕也會造成大量的沉積物，此外，河床的沖刷作用會使水道加深，也會增加河川沉積物的量。

圖3.5　河流系統根據主導作用的不同，可分為三個區域，分別是沉積物生成區（侵蝕）、沉積物搬運區與沉積物沉澱區。

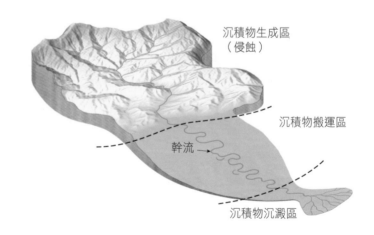

沉積物生成區
（侵蝕）

沉積物搬運區

幹流

沉積物沉澱區

北美最大的河流是密西西比河。
密西西比河流到伊利諾州的開羅鎮南方，
也就是與俄亥俄州河的交會處時，密西西比河的河寬已超過 1.6 公里。
每一年，「偉大的密西西比河」會把大約 5 億公噸的沉積物帶到墨西哥灣。

你知道嗎？

　　河川獲得的沉積物，接著會經由水道網絡的所謂幹流而搬運走。當幹流處於平衡狀態時，由河岸被侵蝕而獲得的沉積物量，會等於沉積物在河道其他部分沉澱的量。儘管幹流的河道不時在變化，然而幹流不是沉積物的來源區域，也不是累積或儲存沉積物的地方。

　　當河川流到海洋，或是流到另一個大規模的水體時，流速會減緩，搬運沉積物的能量也會大幅減弱。大部分的沉積物會在河口堆積，形成三角洲，然後再受到海浪作用，重塑成多樣的海岸相貌，或是被海流沖到岸外很遠的地方。由於粗粒沉積物易在上游處就沉澱，因此最後抵達海洋的，主要是細粒的沉積物（黏土與細砂）。把全部作用綜合起來看，河流藉著侵蝕、搬運與沉澱作用，來移動地球表面的物質，並趁機塑造各式各樣的地景。

河川流量

　　水的流動可能有下列兩種方式：層流與亂流。在流動緩慢的河川中，水流經常是一層一層的，前進的路線也大致上是平行於河道的直線。然

而，河川裡的水流通常是混亂的，水的前進是以不穩定的方式，或可以說是漩渦運動的方式前進。強勁、混亂的水流可能會在渦流或湍急的流水中見到，即使是表面看起來平靜的河川，在接近河底與河道兩側，也常常出現亂流。亂流賦予河流侵蝕其河道的能力，因為它的作用就好像把沉積物從河床上挖起來一樣。

受到重力的影響，水是不計一切往大海裡流，這段旅程所耗費的時間，取決於河流的流速。流速是河水在單位時間內行經的距離。有些流動緩慢的河川，每 1 小時只前進不到 1 公里，然而少數流動快速的河川，每小時可前進超過 30 公里。流速是在河川觀測站（圖 3.6A）測量到的，在筆直的河道上，流速最高的位置，是接近河道中央、河面下方一點點的地方，因為那裡摩擦力最小（圖 3.6B），但如果河道是彎曲的，流速最高的區域則會改變（圖 3.6C）。

河川的侵蝕與搬運物質的能力取決於流速，即使是些微的變化，也可以導致河水在搬運沉積物的荷重上，發生重大的改變。影響河川流速的因素有下列幾項：⑴ 坡度；⑵ 河道的形狀、大小與粗糙度；⑶ 河道裡流動的水量。

坡度與河道特徵

河川的坡度是指，河川在特定距離內下降的垂直高度。下密西西比河（lower Mississippi River）的河道坡度非常低，每 1 公里只下降 10 公分或更少。相反的，有些高山上的溪流河道，每 1 公里的高度變化超過 40 公尺，其坡度比下密西西比河還要陡 400 倍。不同河川的坡度不僅不同，就連同一條河川在某兩段長度之間的坡度也有所不同。河川的坡度愈陡，河水就能獲得愈多的能量。假使有兩條河，除了坡度以外任何條件都相同，那麼具有

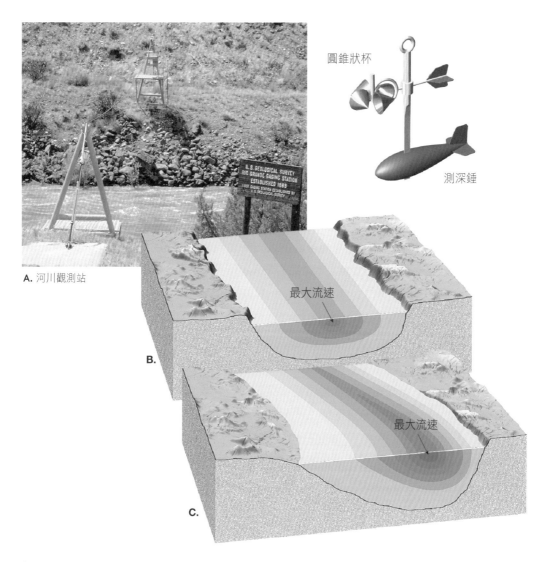

圓錐狀杯

測深錘

A. 河川觀測站

最大流速

B.

最大流速

C.

▨**圖3.6** A. 美國境內有超過7000個河川觀測站，用來蒐集河川狀態與流量的連續紀錄。河川的平均流速是利用擺放在河流裡數個地點的儀器測量出來的。照片中的觀測站位於美國新墨西哥州陶斯鎮的格蘭德河（Rio Grande）上。（Photo by E.J. Tarbuck）
B. 在直線的河道上，流速最高的地方在河道中央。C. 當河道是彎曲的，流速最高的區域則會改變。

較高坡度的那條河，流速顯然會比另一條河還快。

　　河川的河道像是指引水流的導管，但是水在流動的同時也遭遇到摩擦力。河道的形狀、大小與粗糙度，影響摩擦力的大小。較大的河道具有較多的有效水流，因為只有一小部分的水會與河道接觸。光滑的河道有助於產生平靜的水流，反之，布滿卵石的不平整河道，會不時製造出亂流，大幅減緩河川的流速。

▶ 流量

　　河川的大小差異很大，小從寬度不到 1 公尺的上游涓溪，大到寬度達幾公尺的大江大河都有。河道的大小主要是由流域所供給的水量來決定的，用來比較河川大小的度量是流量——已知單位時間內流過某一定點的水量。流量通常是以每秒多少立方公尺或每秒多少立方英尺為單位，計算方式是河川的截面積乘以流速。

　　北美最大的河川是密西西比河，它的流量平均每秒 17,300 立方公尺，儘管這樣的水量已經非常澎湃，但跟世界上最大的河流——南美的亞馬遜河相比，還是矮上一大截。亞馬遜河因為有廣大的雨林區（占地近乎其相鄰的美國土地的四分之三）供給水源，流量是密西西比河的 12 倍之多。

　　大部分河川的流量都不可能是定值。此話的確不假，因為還需考慮下雨和融雪等變數。在降雨有季節性變化的地區，河川流量在濕季或春季融雪時期傾向於最高值，而在乾季或是因蒸發作用而減少水量的炎熱季節，則處於最低值。不過，並非所有的河川都能維持連續性的水流。只有在濕季才有流水的河川，我們稱為間歇河。在乾燥的氣候下，許多河川只有在暴風雨過後才偶爾出現水流，這種河川則稱為暫生河。

全世界流入海洋的河水中，亞馬遜河就包辦了 20%。
距離亞馬遜河最近、可與其匹敵的非洲剛果河（Congo River），
流入海洋中的河水的量，
僅占全部流入海中水量的 4%。

你知道嗎？

上游到下游的變化

　　研究河川有一個有用的方法，就是去檢視它的縱剖面，也就是河流從它的水源，流入下游另一個水體的河口處，這之間的截面情況。從圖 3.7 中，你可以看到典型的縱剖面有一個最明顯的特徵，那就是從源頭到河口持續減緩的坡度，雖然可能有局部的突出或不平整，河流的縱剖面大致呈現的是相對平滑的凹曲線。

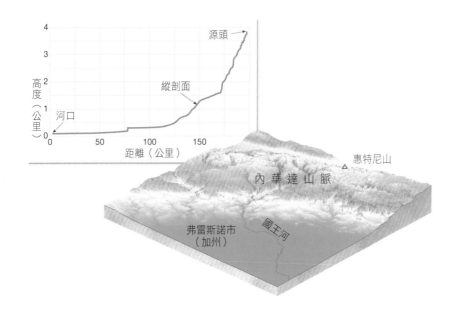

圖3.7　美國加州國王河（Kings River）的縱剖面。
國王河源自於內華達山脈，向西流入聖華金河谷。縱剖面是沿河流全長所做的截面紀錄。請注意縱剖面的凹曲線，以及上游較陡的坡度，與下游較平緩的坡度。

　　河流的縱剖面顯示，河流的坡度是一路向下游減緩的。為了瞭解有哪些其他因素會順著下游方向改變，觀察與測量是必要的。當我們沿著河流從幾個河川觀測站中蒐集到數據，會發現在潮濕的區域，從源頭到河口的流量是增加的。這個結果並不令人驚訝，因為當我們順著下游的方向走，有愈來愈多支流會匯集到主河道中。此外，在最為潮濕的區域中，來自地下水源的額外水流也會參入一腳。因此，若你往下游走去，河川的寬度、深度與流速，會因為河川流量的增加而增大。

　　如果河川源自於降雨豐沛的山區，然後流經乾燥的區域，那麼情況正好相反。河川的流量可能會順著下游方向而減少，這是因為河水會由於蒸發、滲透進入河床、或灌溉取水而減少，美國西南方的科羅拉多河正是這樣的例子。

流水的作用

　　河流是地球上最重要的侵蝕營力，不只是因為它們有下切與加寬河道的能力，也是因為它們能搬運非常大量的沉積物，這些沉積物來自片流、塊體崩壞作用與地下水。最後，這些物質的大部分會沉澱下來，形成各式各樣的沉積地形。

▶ 侵蝕作用

　　河川堆積、搬運土壤與風化岩石的能力，會因為雨滴的作用而助長，這是因為雨滴打在沉積顆粒上會使之鬆動的緣故。當地面呈飽和狀態，雨

水會開始向下坡流動，並把一些物質搬運走。在無植被的坡面上，泥濘的流水（稱為片流）常常會刻蝕出小小的水道，或稱之為細溝，最後再發展成規模較大的雛谷。

　　一旦「地面流」流到了河川，它的侵蝕能力會因為水量的增加而大幅增強。當水流變得夠強勁時，它可以把沉積顆粒從河道中「拔起」，並舉升到河水中。在這個過程中，流水的力會很快的侵蝕河床與河道兩側固結較差的物質。偶爾，河道會被下切，較鬆散的岩屑會掉落到河水裡，被河水帶往下游。

　　除了侵蝕未固結的物質，河流的水力也可以把河道削切至堅固的基岩。河川攜帶的顆粒，會大幅加強它侵蝕基岩的能力，這些顆粒大小各異，從急流中的礫石，到慢一點的水流中的砂粒都有。就像砂紙上的砂粒可以磨平木頭一樣，河川中的礫石與砂粒也可以磨蝕河道的基岩。此外，掉進漩渦中的卵石，可以如「鑽頭」的作用一般，把河道的河床鑽成圓形的壺穴（圖 3.8）。

圖3.8　河流基岩上的壺穴。在水流裡打轉的卵石所做的旋轉運動，作用就好像鑽頭一樣，可以形成壺穴。
（Photo by Hemera/Thinkstock）

根據美國水資源工作學會（American Water Works Association）的調查，美國家庭每人每天的室內用水量平均是 262.3 公升（69.3 加侖），其中馬桶（70 公升）、洗衣機（56.8 公升）、淋浴與泡澡（49.2 公升）的用量排行前三名。此外，每天因漏水所損失的水量超過 34 公升。

你知道嗎？

▶ 搬運作用

不管是哪一種規模的河川，總是能搬運一些石頭，而河川也會淘選它們能搬運的沉積物，因為細顆粒、重量又輕的物質，比粗顆粒、重量笨重的物質更容易被流水帶走。河川用三種方式來搬運沉積物的荷重：(1) 溶解（溶解荷重）、(2) 懸浮（懸浮荷重）、(3) 沿河床滑動或滾動（河床荷重）。

溶解荷重

大部分的溶解荷重是由地下水帶進河川裡的，並且隨水流散布到整個河川。當水滲入地面時，會獲得已經溶解在其中的土壤化合物，等水又從基岩的裂縫或孔隙滲出時，會額外溶解其他的礦物質，最後，絕大部分這些富含礦物質的水都會想盡辦法流入河川中。

流速基本上不會對河川攜帶的溶解荷重產生任何影響，因為水流到哪裡，溶解的物質就被帶到哪裡。但是當水的化學成分改變時，溶解的礦物質就會沉澱（析出）。在乾燥的地區，河水可能會進入內陸湖或海洋中，最後蒸發，留下溶解荷重。

懸浮荷重

絕大部分河川搬運的荷重中，以懸浮方式存在的為大宗。的確，懸浮在河水上，肉眼可見的一團團沉積物質，是河川荷重中最顯而易見的部分。通常的情況是，只有粉砂與黏土組成的細粒顆粒，才可以用這種方式搬運，但是在洪水肆虐期間，較大顆粒的物質也能以懸浮方式搬運。而且，洪水期間，以懸浮方式搬運的物質總量，會顯著增加，由受災戶家裡都堆滿了這類沉積物，便可見一斑。

河床荷重

　　河川的荷重中有一部分是由砂粒、礫石組成，偶爾還可見到大石頭。這些較粗大的顆粒，由於體積和重量過大，無法以懸浮方式由流水搬運，而是沿著河道底部（河床）移動的，形成所謂的河床荷重。不像懸浮荷重與溶解荷重是持續在移動，河床荷重的移動是間歇性的，只有在水力足夠搬運較大顆粒的情況下才會發生。以砂粒和礫石為主的較小顆粒，是以一連串的跳動方式在移動；較大的顆粒則是視其形狀，沿著河底用滾動或滑動的方式前進。

搬運力與最大負載量

　　每一條河流搬運荷重的能力都不一樣，判定搬運能力的標準有二，首先是河流的搬運力，意指河流所能搬運的最大顆粒。河川的流速決定了它的搬運力，如果河川的流速增加一倍，它的搬運力會變成 4 倍；如果流速變成 3 倍，搬運力就變成 9 倍，以此類推。這個道理說明了原本看來不動如山的大石頭，在遇到洪水時會被搬動，因為洪水的流速比河川的一般流速快太多了。

　　再者，是河川的最大負載量，意指每單位時間，河川所能搬運固態顆粒的最大荷重；流量愈大，河川拖拉沉積物的能力就愈大。

　　為什麼洪水時期會發生最嚴重的侵蝕作用與最大的搬運作用，現在應該很清楚了。流量的增加會導致河川的最大負載量增加，而流速增快，會產生較大的搬運力。流速增快時，河水變得較湍急，能搬動的沉積顆粒也愈來愈大，處於洪水規模的河川，只消幾天或甚至幾個小時的光景，所侵蝕、搬運的沉積物，比河川在正常流量時的好幾個月還多。

沉積作用

　　當河川流速變慢，情況正好相反。河川的流速下降時，它的搬運力會減弱，開始卸下沉積物，最大的顆粒最先下沉。每一種顆粒尺寸都有臨界沉降速度，當水流減緩到某種顆粒尺度的臨界沉降速度時，屬於那個範圍的沉積物便開始沉澱。因此，河川的搬運能力提供了一種機制，能分離不同大小的固態顆粒，這種稱為淘選作用的機制，解釋了為什麼大小類似的沉積顆粒，總是堆積在一起的原因。

　　河流沉積的物質稱為沖積層，是河流沉積物的通稱。沖積層有各式各樣的沉積風貌，有些出現在河道內，有些在河道旁的河谷谷地，有些則出現在河口。我們在下一節將會探討這些地貌的特性。

河道

　　河流與漫地流（overland flow）的區分取決一個基本特徵，那就是河流的水流是否局限在河道中。河流的河道，可以想成是由河床與河岸構成的開放的通道，有限制水流的作用，但洪水期間除外。

　　儘管有點過於簡化，我們還是可以把河道分成兩種，一是基岩河道，也就是河川活躍的向下切進堅硬岩石的河道；相反的，另一種河流的河床與河岸主要是未固結的沉積物時，這樣的河道就稱為沖積河道。

基岩河道

　　河川的上游區域坡度陡峭，大部分的河川都會下切到基岩中。這些河川通常搬運粗顆粒的沉積物，因此直接會磨蝕基岩河道。壺穴就是這種侵蝕力作用下的明顯證據。

　　基岩河道通常由兩種部分交替切換，一是坡度相對較於平緩的部分，會造成沖積層的堆積；另一部分則是基岩直接暴露在外的較陡的部分，可能含有急流或偶爾出現瀑布。河川下切入基岩所展現的河道型式，是由下方的地質構造控制的，即使是流在相當均質的基岩上，河川仍傾向於彎曲或不規則的型式，而非穿流在筆直的河道裡。參加過急流泛舟之旅的人，都目睹過河川流在基岩河道上特有的陡峭與迂迴。

沖積河道

　　許多河川的河道是由未密實固結的沉積物（沖積層）所組成，因此在外觀上可能會經歷巨大的改變，這是因為沉積物會持續受到侵蝕、搬運與再沉澱等作用的緣故。影響這些河道形狀的主要因素，是被河川搬運的沉積物平均大小，以及河道的坡度與流量。

　　沖積河道的型式，反映出河川在消耗最少能量的同時，以相同流速所能搬運荷重的能力。因此，河川所夾帶的沉積物大小與種類，決定了河道的型式。兩種常見的沖積河道分別是曲流河道與辮狀河道。

曲流河道

倘若河流搬運的荷重大多是懸浮物，那麼河流通常會形成綿延的彎道，我們稱為曲流，這種河水流在相對深、但平滑的河道裡，河水搬運的物質主要以泥巴（粉砂與黏土）為主。美國下密西西比河的河道就是呈現這種類型。

因為固結泥巴的黏著性，夾帶細顆粒沉積物的河川，其河岸具有抗侵蝕的傾向，因此這種河川的侵蝕作用大部分會出現在曲流的外側，那裡的流速與亂流最強，要不了多久，外側河岸的下方基石就會遭河水侵蝕，在水位高的時期，作用尤其明顯。因為曲流的外側是侵蝕作用活躍的區域，所以常被稱做切割河岸（圖 3.9）。河川切割河岸所獲得的岩屑，會隨較粗粒的沉積物質往下游移動，且通常會堆積在曲流內側、流速較緩，我們稱為曲流沙洲的地方。曲流藉著侵蝕彎道的外側、並在內側堆積的方式，逐漸做橫向的位移。

除了橫向位移之外，河道的彎曲處也會沿著河谷移動，這是因為侵蝕作用在曲流的下游（下坡）處更能發揮作用的緣故。曲流向下游方向位移的作用，在遇到較抗侵蝕的物質時，有時會減緩，這讓上一個曲流趁機往下游趕上並截取河水，如同圖 3.10 所示。兩個曲流之間狹長的頸狀地逐漸變窄，河川侵蝕過細窄的頸狀地，進入下一個彎圈，這個新生成的較短河道叫做截流，而遭摒棄的彎道因為形狀的關係，稱為牛軛湖（圖 3.10）。

辮狀河道

有些河川由複雜的河道網絡組合而成，其中一些河道匯聚、一些河道分離，這些河道在無數小島與礫石沙洲上，交織成密麻的網絡（圖 3.11），因此稱為辮狀河道。當河流的荷重大部分是粗粒的沉積物（砂粒與礫石），

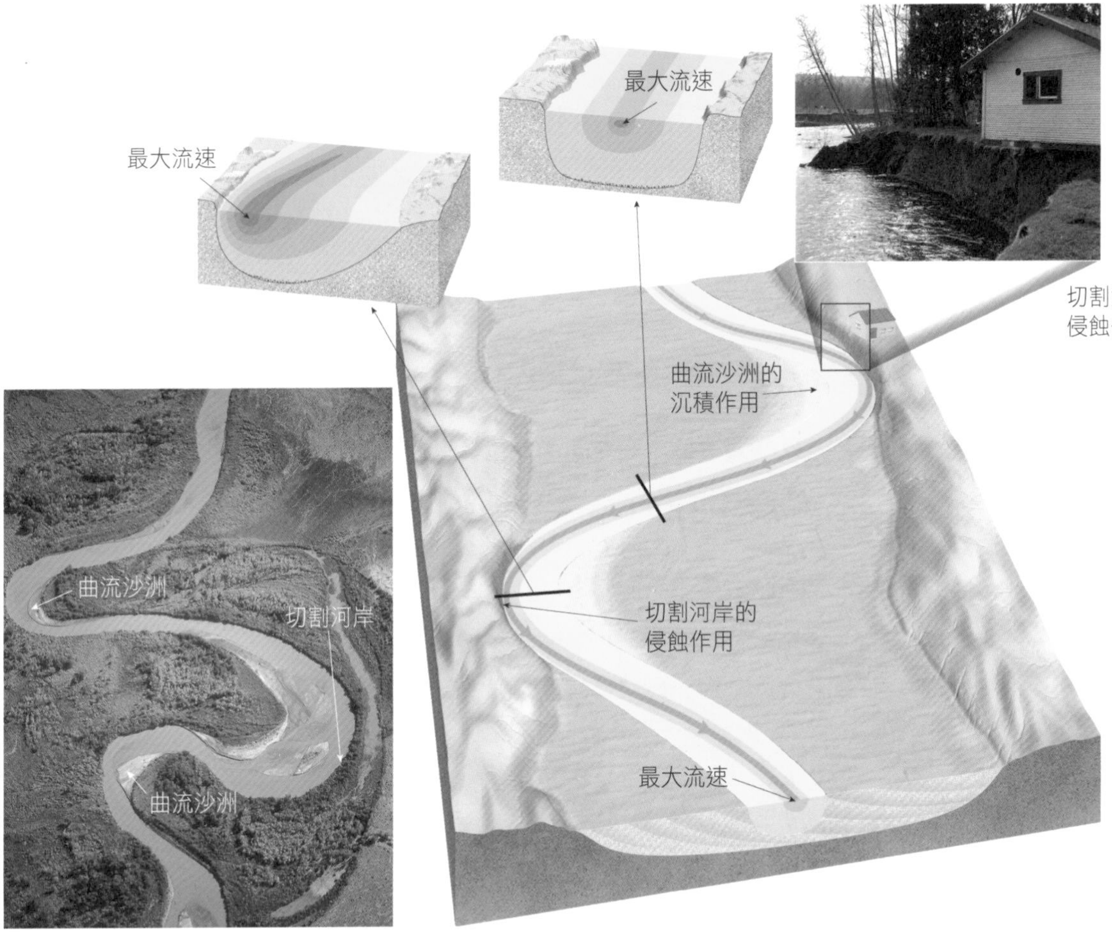

圖3.9　當河川形成曲流，流速最大的區域會轉移到外側的河岸，而曲流內側的水流流速變慢時，會沉積出曲流沙洲。圖中的曲流沙洲位在美國猶他州維納市（Vernal）的白河沿岸（Photo by Michael Collier），黑白照片則是在華盛頓州紐瓦坎姆河（Newaukum River）沿岸，拍攝到的切割河岸的侵蝕作用（Photo by P.A. Glancy, U.S. Geological Survey）。由於外側岸受到侵蝕，彎道的內側又不斷堆積沉積物，所以河川的河道才會位移。

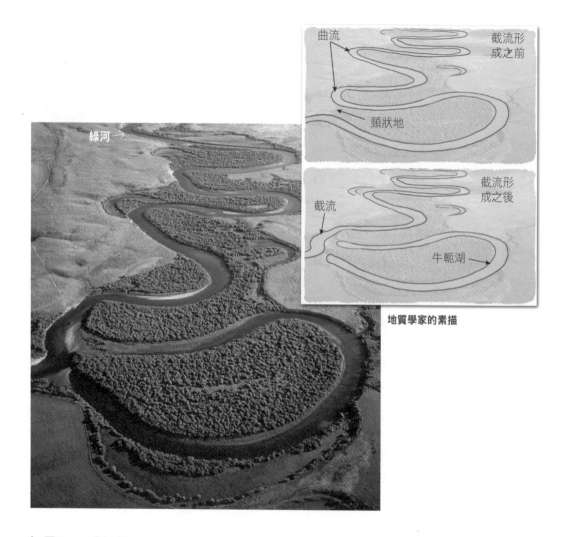

曲流

截流形
成之前

頸狀地

截流

截流形
成之後

牛軛湖

地質學家的素描

綠河→

圖3.10 遭摒棄的曲流成了牛軛湖，而當牛軛湖被沉積物填塞，就會逐漸變成沼澤狀態的曲流痕（meander scar）。照片裡的牛軛湖空照圖，是美國懷俄明州布朗克斯市（Bronx）附近蜿蜒的綠河。（Green Riverm, Photo by Michael Collier）

圖3.11　克尼克河（Knik River）是典型的辮狀河。
美國阿拉斯加州安克拉治市北方的楚蓋奇山脈（Chugach Mountains）裡的四條冰川，融化後的水所夾帶的沉積物，把克尼克河堵塞住，形成了典型的辮狀河。多如牛毛的河道，是被不斷位移的礫石沙洲分離出來的。
（Photo by Michael Collier）

而且流量具有高度可變性時，就可能形成辮狀河道。由於河岸物質很容易遭侵蝕，辮狀河道多半既寬又淺。

　　辮狀河形成的環境之一是在冰川末端，此地的流量有明顯的季節變化，而且遭冰川侵蝕的大量沉積物，被傾倒在從冰川分離出來的融化河水中，當河水流速減緩，便搬運不走所有的沉積物，因此，粗顆粒的物質先沉澱，堆積成沙洲，迫使河水分道成幾條路徑。通常，做橫向位移的河道，每年都會把大部分的表面沉積物完全汰換，所以整個河床都會發生轉變。然而，有些辮狀河中的沙洲會增長成小島，藉著植物的生長來鞏固基礎。

　　總括來說，當河川荷重絕大部分是細粒沉積物時，沉積物會以懸浮荷重的方式，在又深又平滑的河道中被搬運，曲流河道於焉形成；相反的，

當粗顆粒的沖積層被當做河床荷重來搬運時，則會發展成又寬又淺的辮狀河道。

基準面與河流的侵蝕作用

　　河川不可能永無止盡的把河道侵蝕得愈來愈深。河川可以侵蝕的深度有一個底線，這個界限稱為基準面，通常的情況是，河川在進入海洋、湖泊或另一條溪流的地方，會產生侵蝕基準面。

　　我們知道的一般基準面有兩種。海平面是永久基準面，因為它是河川以侵蝕作用把陸地降低的最低界線。暫時基準面（或稱為局部基準面）包含湖泊、抗侵蝕的岩層，以及對支流來說為基準面的主流。比方說，當河川流入湖泊，流速很快就降低到接近於零，它的侵蝕能力也大幅減弱，因此是湖泊阻止了河川在基準面之下任何一點的侵蝕能力。然而，湖泊的出水口可以下切，使湖水排出，所以湖泊對河川下切河道的能力，只是暫時阻礙罷了。類似的情況也發生在瀑布口與抗侵蝕性強的岩層上，如圖 3.12，這樣的岩層也可視為暫時基準面，它會限制河川上游下切的程度，直到堅硬岩石突出的部分被消除掉為止。

　　基準面的任何改變，都會使河川活動針對改變而重新調整。當河流沿岸築起了水壩，水壩後方形成的水庫便會造成河流基準面升高（圖 3.13），而從水壩以上的河流，坡度減緩，流速就變小，因此河流搬運沉積物的能力也跟著減弱。河川現在的能量太小，無法搬運全部的荷重，沉積物便開始堆積，造成河道淤積。因此，沉積作用成為河川的主要作用模式，直到河川坡度增加到足以搬運荷重為止。

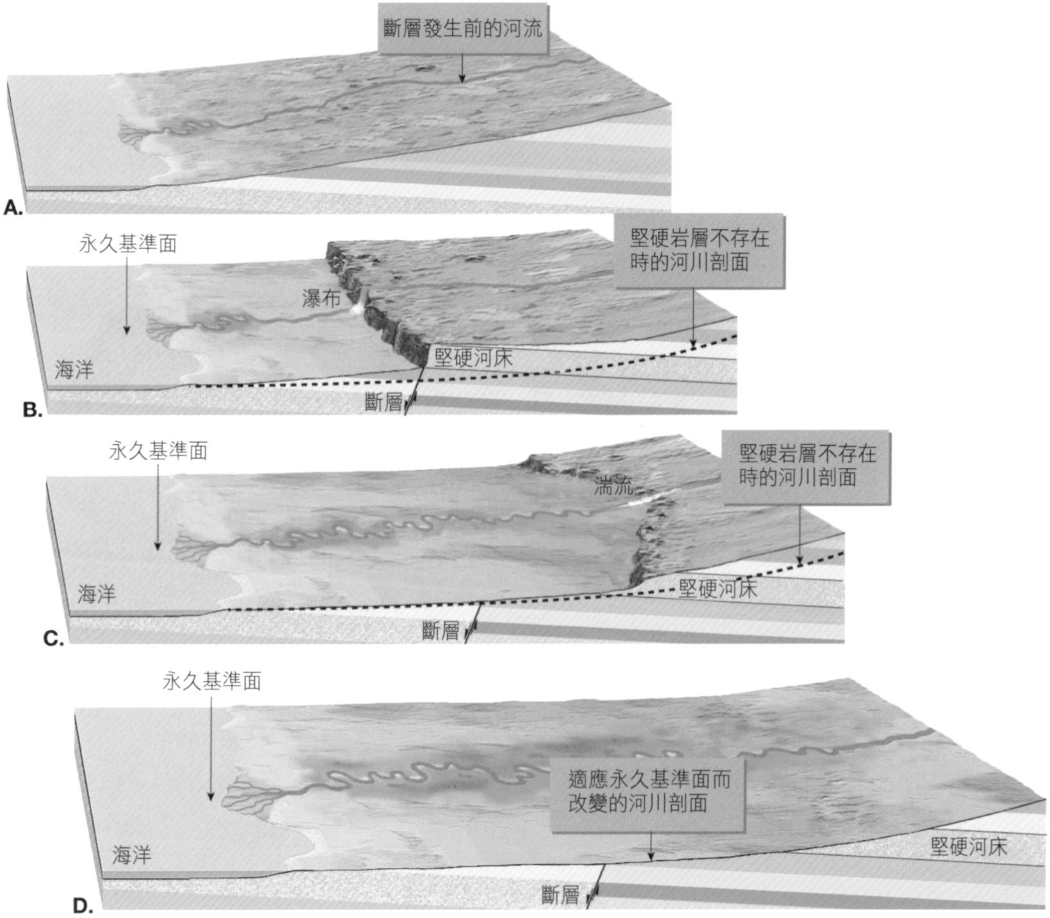

圖3.12 這一連串繪圖顯示，沿斷層產生的位移，把抗侵蝕性強的岩層抬升起來，正好橫穿過河流的河道。

A. 斷層發生之前，具有平滑剖面的河流河道。

B. 斷層發生之後，被抬升的堅硬岩層的作用就好像暫時基準面一般，並伴隨了瀑布的形成。因為坡度陡峭，河川的侵蝕能量多集中在堅硬的河床上。

C. 堅硬岩層突出的部分被逐步侵蝕掉，瀑布變成了湍流。

D. 最後，河流又恢復成平滑的剖面。

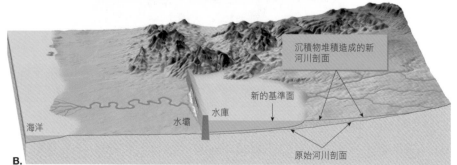

//////////////////////////////////

圖3.13 當水壩建造起來,水庫形成之後,河川的基準面升高,造成河川流速減慢,導致沉積作用發生,從水庫到上游的坡度也減緩了。

 塑形河谷

　　藉著風化作用與塊體崩壞,河川一邊流動一邊雕塑地形,持續不斷「修改」著承載它的河谷。

　　河谷指的不僅是河道,也包含周圍直接提供水源給河川的區域,因此河谷包括了谷底,也就是部分或全部由河道占據的較低平區域,以及谷底兩側向上升起的傾斜谷壁。大多數河谷的頂部寬度,都比底部河道的寬度來得寬廣許多,倘若通過河道的水流是侵蝕河谷的唯一營力,上述的景象

就不可能存在。因此，大多數河谷的兩側是由風化作用、漫地流與塊體崩壞等營力共同塑造出來的。但在某些乾旱地區，風化作用的速度慢且岩石抗風化的能力特別強，常常可見谷壁近乎垂直的狹窄河谷。

河谷可以區分為兩大類：狹窄的 V 形河谷，以及具有平坦谷地的寬廣河谷，兩者之間亦細分許多層級。

▶ 河谷加深

當河川的坡度陡峭、河道遠高過基準面的話，下切作用就成為河川的首要運動。河床荷重沿河底滑動與滾動所產生的磨蝕作用，加上快速水流產生的水力，會慢慢降低河床的高度，結果往往造成兩側陡峭的 V 形河谷。V 形河谷的經典，可以從圖 3.14 中，美國黃石河的這一段窺見全貌。

V 形河谷的最明顯特徵是急流與瀑布，兩者都發生在河川坡度顯著增加的位置，造成這種情況通常是因為，河道下切入基岩的可蝕性有所改變。抗侵蝕性強的基岩就好比是上游的暫時基準面，製造出急流，同時讓下切作用在下游處繼續，而侵蝕作用遲早還是會把堅硬的岩層消磨掉。河流在垂直方向上突然下降，就會形成瀑布。

圖3.14 黃石河的V形河谷。從照片中的急流和瀑布可以想見河川的下切作用非常活躍。（Photo by iStockphoto/ Thinkstock）

世界上一瀉直下的最高瀑布，是委內瑞拉丘倫河（Churun River）的安赫爾瀑布（Angel Falls）。瀑布高達 979 公尺。

1933 年，第一位從高空看見這座瀑布的人，是美國飛行員安赫爾（Jimmie Angel, 1899-1956），因此以他的姓氏為此瀑布命名。

你知道嗎？

河谷加寬

　　一旦河水把河道下切得愈來愈接近基準面，往下游方向的侵蝕作用就不再處於主導的角色。到了這個階段，河道呈現曲流的模式，而河川的能量轉而指向兩側。結果，河川先向其中一側河岸切蝕，然後再切蝕另一側，河谷便愈來愈寬（圖 3.15）。曲流位移造成連續不斷的側向侵蝕，形成愈來愈寬廣、平坦，並由沖積層覆蓋的河谷谷地。這樣的河谷特徵，稱為氾濫平原，名稱極為貼切，因為當河川在洪水期淹過河岸時，氾濫平原全都會因河川的氾濫而淹沒在洪水中。

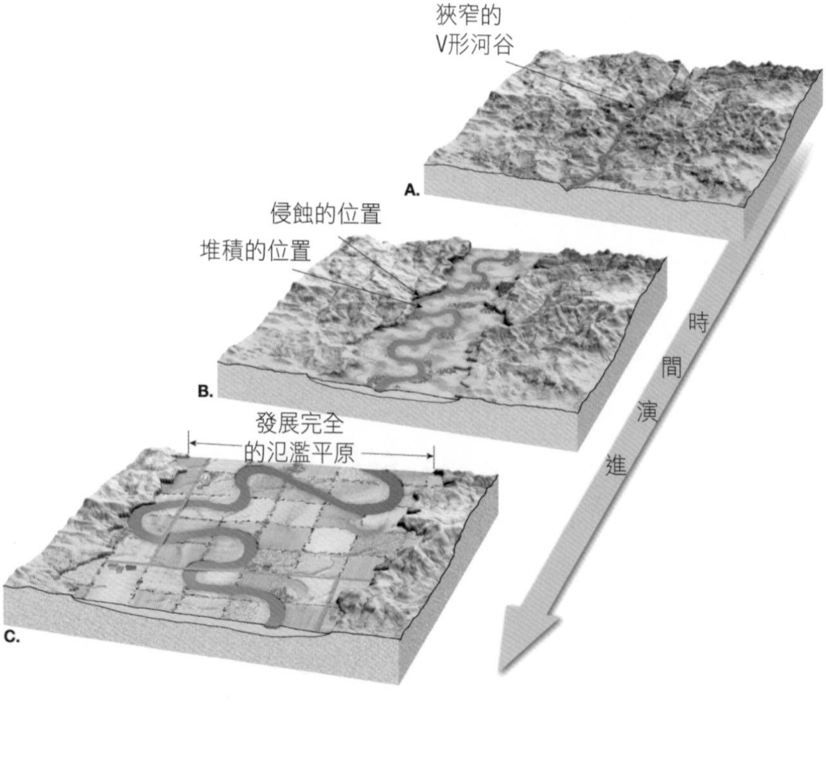

圖3.15　河流侵蝕氾濫平原。

　　隨著時間演進，氾濫平原會擴張到只在幾處地點，河川才會強力侵蝕谷壁。事實上，像下密西西比河這樣大河的河谷，從一側谷壁到另一側谷壁的距離，可以超過 160 公里。

◗ 改變基準面與切入曲流

　　我們通常認為，具有高度彎曲河道的河川，是座落在氾濫平原上寬廣的河谷裡，然而某些河川的彎曲河道卻躋身在陡峭、狹窄的河谷中，這樣的曲流，我們稱為切入曲流（圖 3.16）。它們是怎麼形成的呢？

圖3.16　美國猶他州峽谷地國家公園（Canyonland National Park）內的科羅拉多河河曲。由於科羅拉多高原逐漸抬升，彎曲的河流變得比基準面高出許多，而開始下切。
（Photo by Michael Collier）

　　起初，曲流或許也是在氾濫平原上發展出來的，那裡的高度相對接近於基準面。然後，基準面的改變造成河川開始下切，此時可能有兩種情況發生：不是基準面下降，就是河流流經的陸地受到抬升。

　　第一種情況會發生在冰期，當大量的水從海洋離開，卻因形成冰川而滯留在陸地上時，海平面（永久基準面）會下降，造成流向海洋的河川開始下切。

　　造成下切曲流的第二個原因，是陸地受到區域性抬升，美國西南方的科羅拉多高原就是很好的例子。隨著高原逐漸抬升，使得河川便比基準面高出許多，許多彎曲的河川便順應環境而下切。

沉積地形

　　我們前面曾經說過，河流會不斷從河道中的某部分「撿拾」沉積物，再到下游處重新沉積。這些河道的沉積物多是由砂粒和礫石組成的，我們稱為沙洲，然而這個地貌只是暫時性的，因為沙洲物質將再度被河流「撿拾」，最後帶往大海。除了砂粒和礫石的沙洲，河川還會製造出其他壽命較長的沉積地形，包括三角洲和自然堤。

三角洲

　　當河川進入相對來說較平靜的海洋或湖泊時，流速會驟減，而沉積物會沉澱，最後會形成三角洲（圖 3.17）。隨著三角洲向外擴增，河流的坡度持續減緩，沉積物在緩慢的水流中堆積，最終會造成河道遭沉積物堵塞，

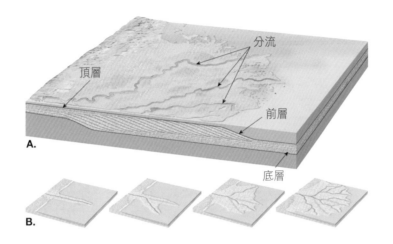

圖3.17
A. 在相對平靜的湖泊中形成的一個構造簡單的三角洲。
B. 三角洲的增長。當河川的河道延伸時，坡度就會減緩。在洪水時期，河川經常會改道，尋求坡度較陡的路徑，以致於形成新的分流。舊有的廢棄分流，會逐漸遭水生植物占據，並塞滿沉積物。

結果河川會尋求距離基準面更短、坡度更高的途徑，如圖 3.17B 所示。圖中顯示主河道分成好幾條較細小的河道，也就是**分流**。大多數的三角洲都有這些位移河道的特徵，它們形成的原因與功能，和支流恰好相反。

分流不是把水帶進主河道，而是把水從主河道分離出來。在河道多次位移後，三角洲就會看起來有點像三角形，類似希臘字母 Δ，這也是三角洲英文 delta 的由來。不過值得注意的是，許多三角洲的形狀並非完美的三角形，海岸線的地形形態、海浪活動的變化與強度的差異等等，都會導致不同形狀的三角洲。許多大河的三角洲可以擴展到超過幾千平方公里，密西西比河的三角洲就是其中一例，這是因為密西西比河及其支流分布範圍很廣，河水夾帶的大量沉積物堆積所導致。

因此，今日的紐奧良地區，在不到 5000 年前還是海洋。次頁圖 3.18 顯示，密西西比河三角洲的一部分在過去的 6000 年間是如何形成的。圖中很清楚看出，實際上三角洲是由一連串的 7 個次三角洲聯合組成的，這是因為每當河川選擇以一條更短、更直接的路徑流入墨西哥灣時，便會屏棄原有的河道不顧，新的三角洲應運而生。每個次三角洲都和另一個次三角洲

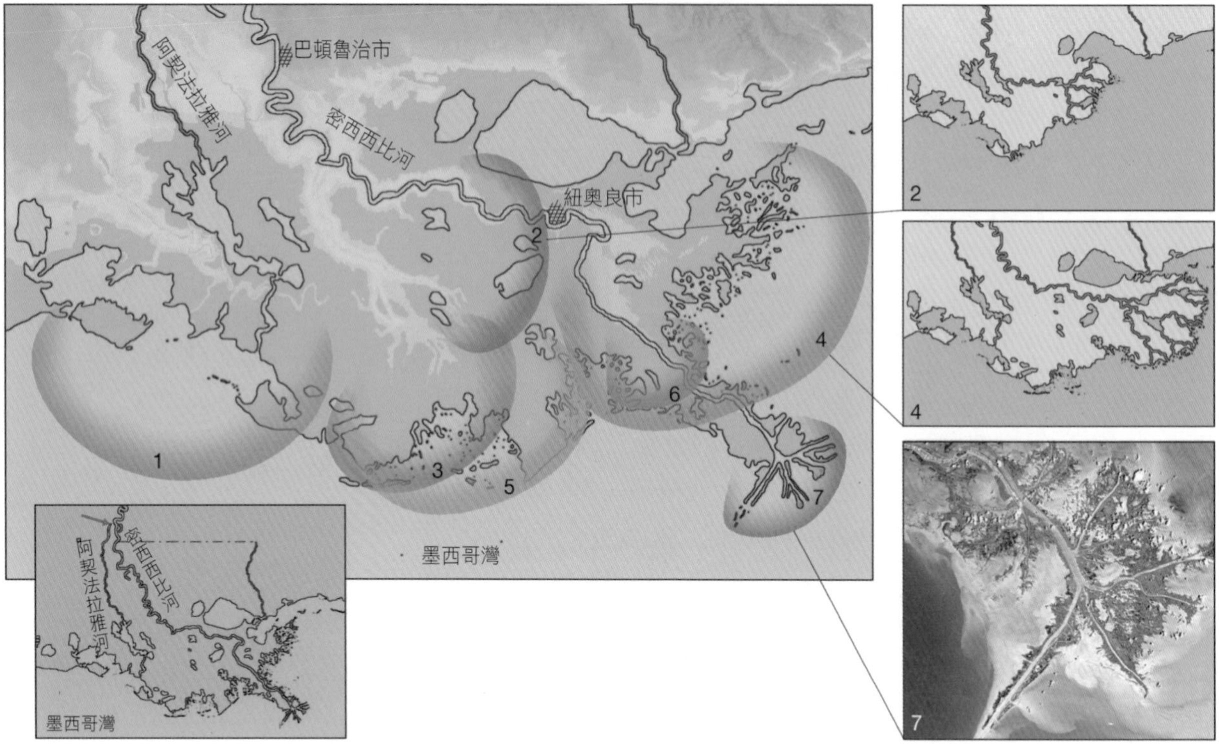

圖3.18　在過去6000年的歲月中，密西西比河發展出一連串7個相連在一起的次三角洲，圖中的數字表示次三角洲堆積的順序。

今日的鳥腳三角洲（7號），代表最近500年來密西西比河的三角洲活動。未來若是沒有持續的人為干預，現今河川的路線將會位移，然後沿著阿契法拉雅河（Atchafalaya River）的路徑前進。

左下角的插圖顯示未來密西西比河可能會中斷的位置（紅色箭頭處），以及日後流入墨西哥灣的捷徑。

（Drawings after C. R. Kolb and J. R. Van Lopik；satellite image NASA/GSFC）

並非所有的河流都有三角洲，有些河流搬運大量沉積物荷重，卻沒有生成三角洲，這是因為海浪和強勁的洋流把沉積物沖走了。位於美國西北太平洋地區（即北美西北區）的哥倫比亞河，就是其中一例。另外一種情況是，河川夾帶的沉積物不夠，不足以形成三角洲，如美國東北部的聖羅倫斯河之所以沒有三角洲，就是在安大略湖與聖羅倫斯灣的河口之間，沒有獲得足夠沉積物的緣故。

你知道嗎？

部分重疊，產生非常複雜的結構，而圖 3.18 的這個次三角洲，因為它的分流呈現的形態，我們稱它為「鳥腳」三角洲（bird-foot delta），是密西西比河在過去 500 年之間發展出來的。

自然堤

以寬廣的氾濫平原占據河谷的曲流，很容易在兩側河岸形成平行於河道的自然堤（次頁圖 3.19）。歷經多年的時間，受到連續多次洪水的侵襲後，自然堤於焉形成。當河水淹過河岸，流速會瞬間降低，粗粒的沉積物便堆積在河道邊緣，呈長條狀。河水漫過河谷時，少部分的細粒沉積物會堆積在河谷地上。這種不均勻的物質分布，造成了自然堤非常和緩的斜坡。

下密西西比河的自然堤，比起其氾濫平原要高 6 公尺。自然堤外的區域，明顯因為溢出的河水無法越過自然堤再進入河川，所以通常很難排出，結果形成沼澤，我們稱為後沼。因為受自然堤阻擋而無法流入河川的支流，通常必須平行河川而流動，直到衝破自然堤的阻隔。這種河流稱為伴支流（yazoo tributary），英文名來自於密西西比河的支流耶珠河（Yazoo River），它平行密西西比河流動超過 300 公里長。

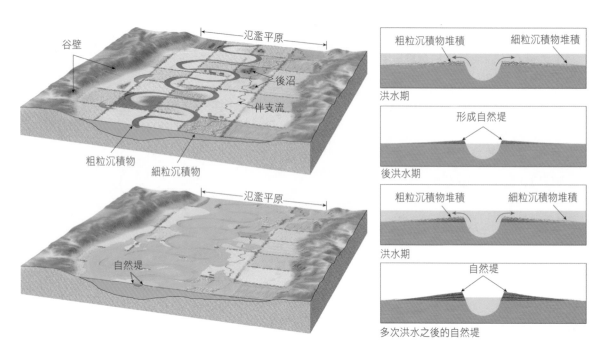

圖3.19 自然堤是坡度和緩的小斜坡,由反覆的洪水所造成。
右圖顯示自然堤形成的各個階段。由於河道旁邊的地面比相鄰氾濫平原的地勢要高,也可能形成後沼與伴支流。

 水系型

　　「水系」是共同形成某種特定形態的河流網絡,水系型(drainage pattern)可能因為地形的不同而迥異,主要跟河流在何種岩層上發展,以及(或)與斷層和摺皺的構造形態有關。

　　最常見到的水系型是樹枝狀水系型(圖 3.20A),這種具有不規則分支支流的河川,看起來像是落葉樹的分枝。當河川底下的物質相對均勻,就

會形成樹枝狀水系型。因為一旦地表物質具有均勻的抗侵蝕能力，就不足以掌控河水流動的型態，此時河川型態主要取決於陸地坡面的方向。

當河川從一個中心區域向外流散，猶如輪胎的輪輻從輪轂向邊緣輻射而出，這樣的水系型就稱為 放射狀水系型（圖 3.20B），通常發展在孤立的火山錐與丘狀隆起的地形。

圖 3.20C 描繪的是 矩形水系型，我們可看到許多直角的彎曲。當基岩被一連串節理與（或）斷層交叉成十字形，就會發展出這種水系型。這樣的構造比未破裂的岩層更易被侵蝕，所以它的幾何型態會引導河谷的走向。

圖 3.20D 描繪的是 格狀水系型，它的支流幾乎彼此平行，很像是花園裡的格子棚架。河流底下的基岩由抗侵蝕性強與抗蝕性弱的岩層交替組成時，就會形成格狀水系型。

 # 洪水與洪水控制

一旦河川的水量變多，超過河道的容納量，河水便會流出河岸，變成洪水。現今，洪水已成為所有地質災害中，最常見也最具有破壞性的，然而洪水只是河川自然反應的一部分罷了。

洪水起因

河川因為天氣狀況而氾濫。大多數的洪水是因為春天快速融雪，或發生在大範圍區域的暴風雨所帶來的豪雨。1993 年夏天，美國上密西西比河河谷發生的異常降雨，也造成了毀滅性的洪水。

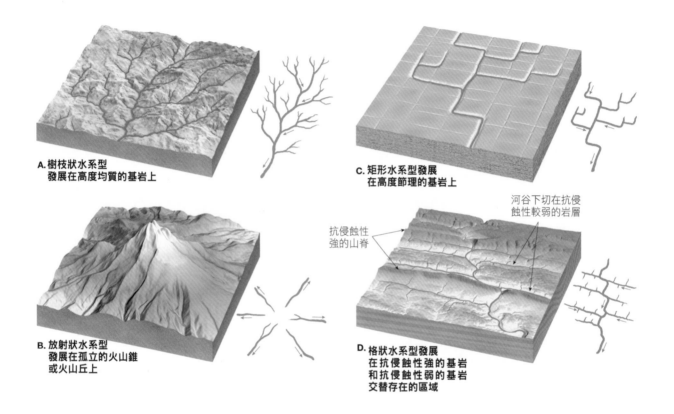

A. 樹枝狀水系型
   發展在高度均質的基岩上

C. 矩形水系型發展
   在高度節理的基岩上

B. 放射狀水系型
   發展在孤立的火山錐
   或火山丘上

抗侵蝕性
強的山脊

河谷下切在抗侵
蝕性較弱的岩層

D. 格狀水系型發展
   在抗侵蝕性強的基岩
   和抗侵蝕性弱的基岩
   交替存在的區域

圖3.20 四種水系型
A. 樹枝狀 B. 放射狀 C. 矩形 D. 格子狀。

你知道嗎？

人類用建築物、停車場和道路，把陸地上相當廣的面積給覆蓋起來。最新的研究顯示，美國國土（不含阿拉斯加與夏威夷）中有超過 11 萬 2 千 6 百平方公里的面積被上述那些不透水構造占去，占地之遼闊，僅比俄亥俄州的面積小一點點而已。

不像方才提過的大區域型洪水，暴洪發生的範圍比較小。暴洪發生前的徵兆並不顯著，卻可能引發致命性的危害，這是因為它們會造成水位驟升，並且流速驚人。影響暴洪的因素有幾項，包括降雨強度與持續時間、地表狀況、地形等。都市地區較易受到暴洪影響，因為都市的地表有比較高比例的不透水構造，如屋頂、街道與停車場，因此逕流的流速很快。山區也容易發生暴洪，因為陡峭的坡面可以把逕流很快導入狹窄的河谷中。

人類對河流系統的干預可能更糟，甚至也能引發洪水，最好的例子就是水壩或人工堤的失敗。這些結構是為了預防洪水而設計的，但倘若發生更大的洪水，水壩或堤防便不足以阻擋，一旦水壩或堤防失去作用或甚至遭大水沖毀，隨後釋放出來的河水就變成了暴洪。1889 年，美國賓州小科納芒河（Little Conemaugh River）上的水壩破裂，造成了慘烈的約翰斯敦（Johnstown）水災，奪走了 3,000 條人命。1977 年也發生了第二次水壩破裂事件，造成了 77 人死亡。

▶ 洪水控制

目前已經想出了幾種消除或減低洪水災難的策略，工程上的加強包括，建造人工堤防、築起控洪水壩，以及河川疏導等。

人工堤

　　人工堤是在河岸築起土堆，以增加河道容納河水的量。這種最常見的阻水構造，自古以來就經常使用，並沿用至今。人工堤與自然堤通常很容易區別，因為人工堤的坡度陡峭得多。許多人工堤都不是用來應付超大洪水的，例如 1993 年夏天，上密西西比河及其支流遭受幾次規模空前的洪水襲擊，美國中西部就發生了多起人工堤潰堤事件。

控洪水壩

　　控洪水壩是為了貯蓄氾濫的河水、再讓它慢慢流走而建造的，水壩把洪水作用的時間拉長，藉此降低洪峰。從 1920 年代開始，美國幾乎每一條大河都築起了控洪水壩，數量多達幾千座。許多水壩都具有與洪水無關的重要功能，像是為農業灌溉提供水源以及水力發電。有很多水庫也成為當地的主要遊憩場所。

　　雖然水壩可以減少洪水氾濫，也提供其他益處，但建築這樣的結構卻所費不貲，也可能產生嚴重的後果。比方說，水壩產生的水庫可能覆蓋了原有肥沃的農地、有用的森林、歷史遺跡與風景優美的河谷。當然，水壩也圍住了沉積物，下游的三角洲和氾濫平原再也得不到洪水的淤泥，會遭到侵蝕。大型水壩也可能導致幾千年來才建立起來的河川環境，受到嚴重的生態損害。

　　建築水壩並非解決水患的長久之計。水壩後方的沉積作用代表的是水庫的容積將逐漸減少，這種控洪方法產生的效用，也將隨之降低。

河川疏導

　　河川疏導意指改變河川的河道，以加快河水的流速，避免河川達到洪水的高水位。河川疏導可以單純的只清除河道裡的阻塞物，也可以把河道挖掘得更寬、更深。

　　更徹底的改變方法是利用人工截流（artificial cutoff）來拉直河道，它的概念是藉由縮短河川來增加河道的坡度，流速自然就會增加。河川的流速增加，洪水帶來的較大流量就可以很快的分散掉了。

　　從 1930 年代初期開始，美國陸軍工兵團就在密西西比河施做了許多人工截流，目的是增加河道的效能，並減少洪水的威脅。總計來說，密西西比河一共縮短了超過 240 公里，就洪水時期減低河水的高度而言，這個計畫算是成功的，然而因為密西西比河形成曲流的傾向仍然存在，要避免河道回到原來的路線卻是相當困難的。

非結構性方法

　　目前為止我們探討的控洪方法，皆是以「控制河流」為目標，並牽連到結構的解決辦法。這些方法既昂貴，又讓住在氾濫平原上的居民沒有安全感。

　　今日，有許多科學家與工程師致力於以非結構性方法來控洪，他們建議以其取代人工堤、水壩與河川疏導，才是穩當的氾濫平原控管方式。確定高風險區域的位置後，施以適當的分區調節，來減少土地開發，並宣導更為適當的土地利用。

地下水：地表之下的水

　　地下水是人類最重要、也是唾手可得的資源之一，然而，我們對於地下水生成的地底環境，常常有不清楚甚至錯誤的認知，原因在於，除了洞穴或礦坑裡的地下流水，我們通常看不到地下水，因此我們常常從這種地下空洞得到錯誤的印象：地表的觀察結果讓我們產生地球是「實心」的印象，當我們進入洞穴中，看到水從岩壁流出來，就會以為實心的岩層中一定存有渾然天成的地下水道，否則不可能有地下水冒出來。

　　因此，許多人相信只有地底下的「河流」才會產生地下水，但是真正存在於地下的河流，少之又少。事實上，大部分的地底環境一點也不算「實心」，而是在土壤與沉積物顆粒之間，包含了無數細小的孔隙，外加基岩內部的細窄節理與破裂面。然而，這些細縫空間全部加起來就變成巨大的空間了，而地下水正是在這些細小空洞之間匯聚、流動的。

地下水的重要性

　　若我們考量整個水圈，或是地球上所有的水源，那麼地下水僅占了總水量的 0.75%，儘管如此，儲藏在地底岩石與沉積物裡的這麼一丁點百分比，卻蘊含了龐大的水量。若我們把海洋排除在外，只考慮淡水的話，地下水的重要性就顯而易見了。

　　圖 3.21 所繪的，是地球水圈裡的淡水分布估計圖。無疑的，占有最大分量的是冰層與冰川的冰，排名第二的是地下水，占了全部的 30.1%。然而，當我們把冰也排除在外，只考慮液態水的話，高達 99% 的水都是地下

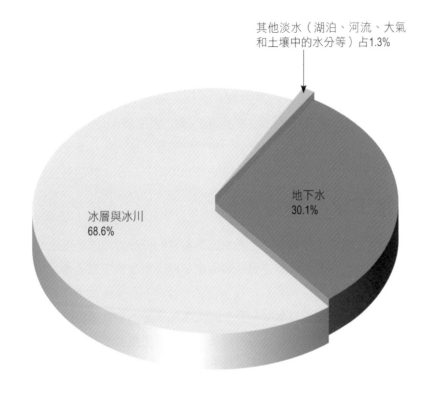

其他淡水（湖泊、河流、大氣和土壤中的水分等）占1.3%

冰層與冰川
68.6%

地下水
30.1%

圖**3.21**　水圈內的淡水分布估計圖，根據美國地質調查所的數據繪製。

水。毫無疑問，地下水代表的是可供人類立即取用的最大淡水水庫。就經濟層面與人類福祉而言，地下水的價值是無法計算的。

　　水井與泉水提供城市、農作物、牲畜以及工業用水，放眼全球皆是如此。在美國，地下水占所有用水（水力發電與電廠冷卻用途除外）來源的40%，地下水也為 50% 以上的人口提供飲用水，40% 的灌溉用水來自地下水，以及超過 25% 的工業用水也是取自於地下水。然而在某些地區，過分使用這個基本資源，已經導致非常嚴重的問題，包括河水枯竭、陸地下陷、抽水成本增加等。此外，人類活動產生的地下水汙染，已在許多地方造成真實且日益擴大的威脅。

你知道嗎？

美國地質調查所的數據顯示，
美國人每天用掉 3,450 萬加侖（1 兆 3 千零 60 萬公升）的淡水，
大約 76%（9,918 億公升）取自於地表水源，
剩下的 24%（3,142 億公升）則是由地下水供給每日所需。

▌ 地下水的地質角色

　　就地質學的角度來看，地下水是很重要的侵蝕營力。地下水的溶解作用慢慢的把岩石搬運帶走，使地表出現窪地，也就是所謂的滲穴，也會造成地下洞穴。

　　地下水也算是一種水流。很多河流裡的水並不是直接從雨水或融雪來的，而是大部分的降雨被地面吸收後，在地表下慢慢流到河川的河道裡。因此，地下水是一種貯存庫，在沒有降雨的時節，維持河川裡的水量。當我們看到乾季時河裡有水在流動，那些水其實是來自早些時候下的雨，然後儲存在地下備用。

地下水的分布與流動

　　下雨時，有些水流到了河裡，有些藉著蒸發與蒸散作用回到大氣圈，剩下的則由地面吸收，而最後這一條途徑實際上就是所有地下水的主要來源。然而，每條途徑所獲得的水量，因時間與地點的不同，變化非常大，

影響的因素包括坡面的斜度、表面物質的特性、降雨的強度、以及植被的種類與數量。豪雨下在表面為不透水層的陡坡上時，顯然會導致高比例的雨水形成逕流；相反的，如果雨水徐徐下在平緩的斜坡上，坡面又是很容易滲水的物質，那麼有相當大比例的水會由地面吸收。

▶ 地下水的分布

有些由地面吸收的水，流動的距離很短，因為水受分子間的吸引力牽制，在土壤顆粒間形成表面薄膜，這個接近地表的區域稱為土壤水分帶（belt of soil moisture）。這一層水分帶與樹根、腐爛樹根留下的空隙交錯存在，動物和昆蟲的洞穴有助於水分滲入土壤裡。植物利用土壤水維持生命功能與進行蒸散作用，有一部分的水則是直接蒸發到大氣中。

沒有被當做土壤水分牽制住的水，則是向下滲透，直到抵達所有沉積物與岩石內的空隙，皆完全充滿水的區域為止，這個區域就是飽和帶，飽和帶裡面的水就稱為地下水。飽和帶的上界限就是已知的地下水面，地下水面以上的區域，土壤、沉積物和岩石都未被水充滿，所以稱為未飽和帶（圖 3.22）。雖然未飽和帶裡面可能存在相當大量的水，這些水並不能經由鑿井抽出，因為水是緊緊依附在岩石與土壤顆粒上的。相反的，在地下水面之下，水壓大到足以讓水進入井裡，因此可以抽出地下水取用。我們將在這一章後面的篇幅裡詳細介紹水井。

地下水面聽起來像是平面，但其實它幾乎不可能是平面。它看起來像是起伏的地表的複製品，最高的地方位在山頂下方，到了河谷，高度就降低，但跟地表相比，起落較平緩（圖 3.22）。濕地（沼澤）的地下水面，就位在地表，湖泊與河川基本上是位在地表低窪的地區（湖底與河底），所以它們的地下水面會高於地表。

　　地下水面的表層之所以不規則，可歸因於幾個原因，有一個重要的影響因素是地下水流動得很慢。因為如此，水會有在河谷之間的高地「堆積」的傾向。倘若完全進入乾季，這些「水坡」會慢慢下降，逐漸接近鄰近河谷的高度。然而，新的雨水注入後，往往能夠避免這種情況發生。不過，持續過久的乾旱時，地下水面會下降得很低，足以讓淺井乾涸。其他造成地下水面高度不均的原因，包括各地方的降雨量不同，地底物質的滲透率也不同。

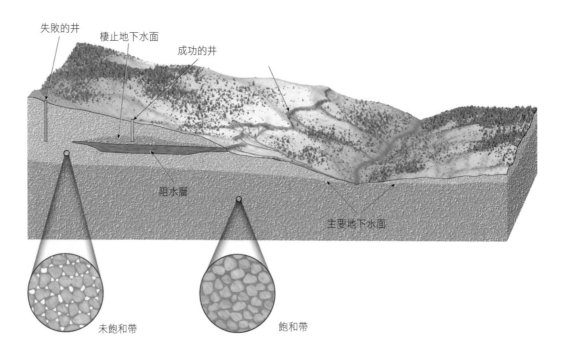

圖3.22 此圖所繪的是許多地表特徵的相對位置，及其與地下水面的關連。

影響地下水儲存與流動的因素

　　地底物質的特性深深影響了地下水流動的速率，以及可以儲存的地下水量。有兩個因素特別重要：孔隙率與滲透率。

孔隙率

　　水由地面吸收，是因為基岩、沉積物與土壤內，含有無數的孔洞或空隙，這些空隙很像海綿裡的空隙，我們常稱之為孔隙。可儲存的地下水量，取決於地底物質的孔隙率，也就是岩層或沉積物的總體積中，孔隙所占的百分比。最常見的孔隙是沉積顆粒之間的空間，但節理、斷層也很常見，可溶性岩石（如石灰岩）溶解後留下的孔洞，或是氣體從熔岩流中逸失後留下的氣孔，也都是尋常所見的孔隙。

　　孔隙率的範圍很廣。沉積岩普遍都是孔隙率很高的岩石，孔隙可占去總沉積物體積的 10% 到 50%。孔隙之所以形成，取決於沉積顆粒的大小與形狀、沉積顆粒如何壓密、淘選作用的程度、沉積岩中膠結物的量等等。大部分的火成岩與變質岩，以及少部分沉積岩是由緊密交鎖的結晶顆粒組成的，所以顆粒之間的空隙幾乎可以忽略不計。在這樣的岩石中，孔隙必定來自於破裂面。

滲透率

　　單單只有孔隙率，並不能測量出地底物質產出地下水的能力；孔隙非常多的岩石或沉積物，仍然可能不讓地下水在內部流動。物質的滲透率指的是其輸送液體的能力。地下水在狹小又互相連結的孔隙中流動，靠的是扭動與轉動，所以孔隙空間愈小，地下水流動得就愈慢，而如果岩石顆粒之間的孔隙太小，水根本就動不了。舉例來說，黏土儲存水的能力可能非

常優，這得歸功於它的高孔隙率，但是黏土的孔隙實在太小了，水根本無法穿透，因此我們說黏土是不透水的。

阻水層與含水層

像黏土這樣妨礙或阻止地下水流動的不透水層，稱做阻水層，相較之下，像砂粒或礫石這樣較大的沉積顆粒，具有較大的孔隙，因此地下水在其間的流動也相對容易得多。可以任意輸送地下水的岩層或沉積物，稱為含水層，含水層非常重要，因為它們含有地下水，是鑿井人員處心積慮尋找的地層。

▶ 地下水的流動

大部分地下水的流動極度緩慢，從一個孔隙移動到另一個孔隙，典型的速率是一天幾公分的距離。促使地下水流動的能量是由重力提供的，重力的作用是讓水從地下水面高的地區，流到地下水面較低的地區，這表示地下水會受重力而流向河谷、湖泊或泉水。雖然有些地下水會選擇最直接的路徑，沿地下水面的坡度移動，但大部分的地下水都是依循較長且彎曲的路徑，流向排水帶（zone of discharge）。

你知道嗎？

美國最大的含水層——奧加拉拉地層（Ogallala Formation），由於具有高孔隙率、優良的滲透率、且腹地遼闊，已經累積了非常巨量的地下水，水量多到足以灌滿密西根州的休倫湖（美國五大湖之一）。

　　圖 3.23 顯示，水如何從所有可能的方向滲透入河川中。我們可以很清楚看到，有些路徑是轉而向上的（顯然違抗了重力），然後進入河道的底部。這種情況不難解釋 —— 當你愈進入飽和帶深部，感受到的水壓就愈大。因此，水在飽和帶所依循的彎曲迴路，可以想成是地下水一面受到向下的重力，一面又傾向於往低壓區移動，因而產生的折衷路徑。

泉水

　　幾千年來，泉水一直激起人們的好奇與驚奇。過去認為（現在對有些人來說亦然），泉水是神祕現象的觀點，並不難理解，因為不論天氣好壞，泉水都能源源不絕從地面湧出，看似取之不盡、用之不竭，卻沒有明顯的源頭。今日，我們已經知道，泉水是來自飽和帶的水，且最初的來源是天上降下的雨。

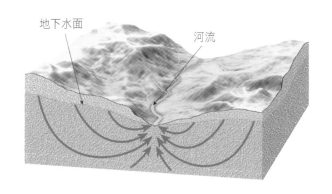

地下水面　　　　河流

圖3.23　箭頭顯示，地下水在均勻透水層中移動的路徑。我們可以把彎曲迴路想成是地下水一面受到向下的重力，一面又傾向於往低壓區移動，因而產生的折衷路徑。

一旦地下水面與地表相交，地下水就會自然流出，我們稱之為泉水。當阻水層阻擋地下水向下流動時，會迫使水向側邊流出，產生泉水。

另一種會產生泉水的情況如圖 3.22 所繪。在主要地下水面之上有一個阻水層，當水向下滲透時，有一部分水會被阻水層攔截，因此產生一個局部的飽和帶，以及棲止地下水面。然而，並不是有棲止地下水面在地表產生自然水流的地方，才有泉水，許多地質條件都會導致泉水形成，這是因為各個地方地底下的情況可能各不相同。

溫泉

根據定義，溫泉裡的水應比當地年平均氣溫高 6℃ 至 9℃，單單在美國，符合這個定義的泉水就超過 1,000 處。

深部礦場與油井內的溫度，通常隨深度增加，平均每 100 公尺上升 2℃ 左右，所以當地下水在地底深處流動時，地下水就會被加熱。若地下水上升到地表，就變成溫泉湧出，美國東部的某些溫泉就是以這種方式加熱。不過，美國大多數（超過 95%）的溫泉（與間歇泉）都位在西部。會有這樣的分布情況，是因為大部分溫泉的熱源來自正在冷卻的火成岩，而近年來美國西部的火成活動非常活躍。

間歇泉

間歇泉是週期性的溫泉或噴泉，會依不同時間間隔噴出強力水柱，水柱衝向天空的高度往往可達 30 至 60 公尺。等到水柱停止噴射，接下來就是一股蒸氣柱登場，伴隨雷鳴一般的巨響。全世界最著名的間歇泉，就是美國黃石國家公園的老忠泉了，大概每一小時就噴發一次（圖 3.24）。世界上

的其他地方也發現有間歇泉，紐西蘭和冰島尤其著名，事實上冰島的字彙 geysa（噴出之意），正是間歇泉的英文 geyser 的由來。

　　間歇泉的產生，是熱的火成岩裡存在有龐大的地下水庫，當溫度相對較低的地下水進入地下水庫時，會受周圍的岩石加熱，而地下水庫底部的水，因為受到上方水的重量帶來的巨大壓力，無法在正常沸點 100℃ 時沸騰。舉例來說，在 300 公尺深的地下水庫底部，水在沸騰前會升溫到接近 230℃。溫度升高造成水的體積擴大，結果迫使一部分地下水湧出地面。地下水的流失讓地下水庫裡剩餘的水壓力降低，沸點因而降低，使得一部分地下水庫深處的水很快的轉變成蒸氣，造成噴泉的噴發。噴發過後，低溫的地下水再次滲入地下水庫，新的循環重新開始。

圖3.24　老忠泉噴出的美景。老忠泉是世界最知名的間歇泉之一，每次噴發出來的熱水與蒸氣的量大約有45,000公升。（Photo by iStockphoto/Thinkstock）

 # 水井

　　汲取地下水最常見的辦法就是鑿井，也就是鑽一個洞，深入飽和帶裡。水井可以看做是小型水庫，地下水會流到井裡，水井裡的水也可以抽出到地表。水井的使用可以追溯到幾世紀以前，至今仍是人類獲得水源的

你知道嗎？

很多人認為懷俄明州黃石國家公園的老忠泉，噴發時間非常固定——準時整點噴發，精準的程度甚至可以讓手錶對時。傳說歸傳說，但事實並非如此。老忠泉的噴發間隔從 65 分鐘到 90 幾分鐘不等，而且近幾年間隔已經悄悄拉長，這是由於噴泉噴發的通道產生變化的緣故。

重要方法之一。美國人使用井水的最大用途是在農業灌溉，每年超過 65% 的地下水都用在農業上。工業用井水則遠遠落在第二順位，城市與鄉村的井水用量則是居於第三位。

地下水面在一年之中可能會有劇烈的波動，乾季時降低，雨季過後旋即升高。因此，為了確保井水源源不絕，水井必須深入到地下水面以下。當井水中的地下水大量汲出後，附近的地下水面會下降，名為洩降效應，距離水井愈遠，洩降愈不顯著，結果造成地下水面下降成錐狀，也就是所謂的洩降錐（圖 3.25）。對大多數小型的家用水井而言，洩降錐微不足道，然而灌溉或工業用途的水井，汲取地下水的量可能非常龐大，足以產生非常寬又非常尖的洩降錐，這會讓一個區域的地下水面大幅降低，且導致附近較淺的水井乾涸。圖 3.25 所描繪的就是這種情況。

//

圖3.25 水井是人類獲取地下水最常用的工具。抽取井水常常會使周圍的地下水面形成洩降錐，假使大量抽取井水，使地下水面下降，有些井可能會因此乾涸。

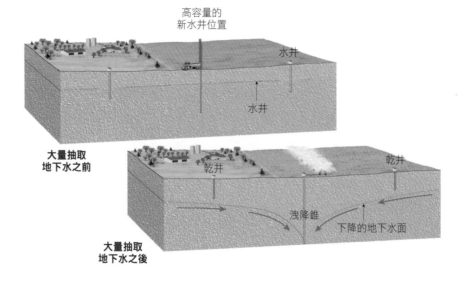

自流井

　　大多數水井內的水無法自己上升，如果第一次鑽到井裡的地下水是在30 公尺深的位置，井水的高度差不多就維持那樣，乾季、濕季的波動不過一、兩公尺。然而，一些水井內的水上升時，有時甚至會溢出地表。

　　當地下水在水井裡的高度超過它的鑽井水位，我們把它叫做自流井。這種情形要發生，必須存在兩個條件（圖 3.26）：(1) 地下水必須限制在一個傾斜的含水層內，含水層的一端才會暴露在地表，接收水源；(2) 含水層的上下方必須有阻水層，避免地下水流失，這種含水層稱為受壓含水層。當這種含水層被開發，上方地下水的重量產生的壓力會迫使水上升，如果摩擦力不存在，井裡的水會上升到含水層內最高水位的高度。然而，摩擦力降低了這種壓力面（pressure surface）的高度；距離補注區（水源進入含水層的區域）愈遠，摩擦力愈大，地下水上升得愈低。

　　在圖 3.26 中，1 號水井是不自噴井（non flowing artesian well），因為這個位置的壓力面低於地表高度。當壓力面高過地面，且水井有向下鑽到含水層，那麼就會產生自噴井（如圖 3.26 之 2 號水井）。

　　自流系統就好比是「天然的水管」，把遙遠補注區的水輸送到千里之外的地點排出。按照這種說法，幾年前在美國威斯康辛州中部滲透至地面下的水，向南走了好幾百公里的路，現在才從伊利諾州的地面汲取出來，供鄰近社區民眾使用。在南達科他塔州，這樣的自流系統也把西方黑山下的水，跨州輸送到東邊去。

　　以不同的尺度來看，都市的供水系統也可視為人工自流系統的例子

///////////////////////////////////

圖3.26 自流系統發生在傾斜
含水層被不透水岩層包圍的環
境,這樣的含水層稱為受壓含
水層。

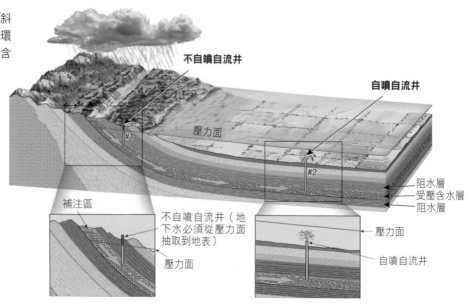

不自噴自流井

自噴自流井

補注區

壓力面

#1

#2

阻水層
受壓含水層
阻水層

補注區

不自噴自流井(地
下水必須從壓力面
抽取到地表)

壓力面

壓力面

自噴自流井

(圖 3.27)。馬達把水抽進水塔裡,所以水塔可以看成補注區,水管就是受壓
含水層,家裡的水龍頭則是自噴井。

 # 地下水的環境問題

　　跟許多珍貴的天然資源一樣,人類對於地下水的利用率愈來愈高,過
度使用地下水,導致有些地區地下水的供應受到威脅,而抽取地下水,也

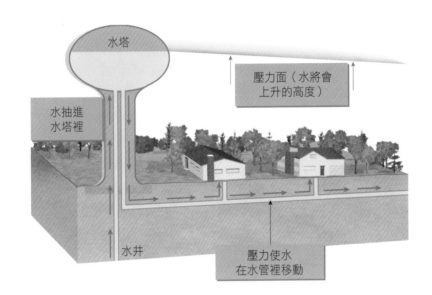

水塔

壓力面（水將會
上升的高度）

水抽進
水塔裡

水井

壓力使水
在水管裡移動

圖3.27　都市的供水系統可以
視為人工自流系統。

造成某些地方的地層及其上所有建物下陷。有些地區的地下水源可能也涉
及到汙染的問題。

把地下水當成不可重複使用的資源

　　許多大自然系統都傾向於建立平衡狀態，地下水系統也不例外。地下
水面的高度，反應出地下水量補充（降雨）的速率，與流失的速率（排出
和人為取用）之間的平衡。當兩者處於不平衡狀態時，地下水面不是上升
就是下降。如果歷經長時間的乾旱造成地下水補注的量減少，或是地下水
排出或人為取用的量增加的話，地下水面可能發生長久性下降的情況。

　　對許多人來說，地下水可能是源源不絕的可再生資源，因為它會有降
雨和融雪的持續補充。然而在某些地區，地下水已經持續被視為不可再生

的資源，因為可用來補注含水層的地下水量，比被汲取的地下水量少太多了。

　　從南北達科塔州西邊延伸到德州西邊的美國高地平原（High Plains），是一塊相對乾燥的區域，亦是大量依靠灌溉的龐大農業經濟區。在橫跨 8 個州，面積達 45 萬平方公里的土地之下的是高地平原含水層，供應全美國 30% 的灌溉用地下水，是美國最大也是農業上最重要的含水層之一。在這一片區域的南部，包括德州南端的長柄部分，含水層的天然補注非常緩慢，地下水面降低的問題非常嚴重。事實上，當降雨量等於或低於年平均降雨量的那幾年，地下水的補注微乎其微，因為全部或幾近全部的微薄雨量，很快都因蒸發和蒸散作用回到大氣了。

　　因此，長期需要大量灌溉的區域，地下水耗盡的問題可能相當嚴重。有些地區地下水面下降的速率高達每年 1 公尺，多年下來已經導致地下水面總共降低了 15 至 60 公尺。在這種情況下，我們可以說地下水已經被破壞了，即使馬上停止抽取地下水，也要花上幾千年的時間，才能完全把地下水補滿。

　　許多年來，地下水的耗竭已經成為高地平原與美西其他地區令人關注的問題，但值得一提的是，這個問題不只限於發生在這個區域。人們對於地下水資源的需求日益增加，除了乾燥與半乾燥地區之外，還有許多其他地區，地下水層也受到過分壓榨。

▶ 抽取地下水造成的地層下陷

　　如同你稍後將讀到的，地表下陷可能導因於跟地下水有關的大自然作用，然而當地下水抽取得比天然補注的過程還快時，地面也可能下陷。當地層由鬆散膠結的厚層沉積物所構成時，這種效應尤其顯著。當人們抽取

地下水後，水壓降低，地面建物的重量便轉移到沉積物上，壓力愈大，沉積物的顆粒會壓得愈緊密，地面就因此下陷。

　　很多地區都可以看到地層下陷的實例，美國所發生的一個經典的例子，就是在加州聖華金河谷（圖 3.28）。在美國，因為抽取地下水造成地層下陷的其他知名案例，還包括內華達州的拉斯維加斯、路易斯安那州的紐奧良與巴頓魯治市，以及德州休士頓─蓋文斯頓地區。在休士頓與蓋文斯頓之間的低漥海岸區，地層下陷的程度從 1.5 公尺到 3 公尺不等，結果造成有大約 78 平方公里的土地永遠淹沒在大海裡。

圖3.28　地圖中用綠色標出來的地區，就是加州的聖華金河谷，這個重要的農業區非常依賴灌溉來耕作。照片中電線桿上的標誌，顯示過去幾十年間附近地面的高度。在 1925 到 1977年間，因為抽取地下水以及繼之而來的沉積物壓縮，使聖華金河谷的這個地區已經下陷了幾乎9公尺之多。（Photo by U.S. Geological Survey, U.S. Department of the Interior）

　　在美國以外，地層下陷最為人矚目的案例之一，發生在墨西哥城——這個建築在古湖泊岩床上的城市。在二十世紀的初期到中期，有幾千座水井挖掘到墨西哥城下方飽和含水層內，抽取地下水之後，這座城市的部分地區便下陷達 6 公尺，甚至超過了 6 公尺。

▶ 地下水的汙染

　　地下水汙染是很嚴重的問題，對於以地下水為主要水源供給的地區來說，尤其如此。有一個常見的地下水汙染源，是從數量日益增加的化糞池中洩漏出來的汙水。其他的汙染來源包括，不適宜或破損的汙水系統，以及農業廢水。

　　遭受細菌汙染的汙水，若是進入地下水系統，可能會經由天然的作用過程而淨化。有害的細菌可能會在地下水滲透、通過沉積物時，自動受到過濾，或是因氧化而遭破壞，並且（或）是遭其他生物消化掉。然而要發生淨化作用，含水層必須有恰當的組成成分。舉例來說，特別透水的含水層（像是破裂程度高的結晶岩石、粗粒礫石或多孔石灰岩）孔隙非常大，受到汙染的地下水即使在其內流動很長的距離，也不會淨化。這是因為地下水流速過快，以致於與周圍物質接觸的時間過短，不足以發生淨化作用。這正是圖 3.29A 碰到的問題。

　　相反的，當含水層是由砂粒組成，或是可滲透性的砂岩，地下水有時只需要在其中流動幾十公尺，就可以淨化。砂岩顆粒之間的孔洞大到足以讓水流動，但是水流動的速率卻又慢得讓水有足夠時間進行淨化作用（水井 2 號，圖 3.29B）。

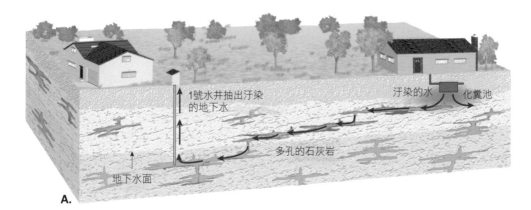

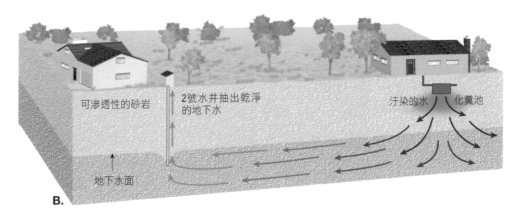

圖3.29

A. 雖然被汙染的水在抵達1號水井之前已經流動了一百多公尺，但水在孔隙大的石灰岩中流動太快，所以沒有淨化。

B. 從化糞池流出的汙水，滲入可滲透性的砂岩中，只要流動相對短的距離，就可以淨化了。

其他種類的汙染與來源也威脅著地下水源（圖 3.30），包括廣泛使用的公路用鹽（下雪時灑鹽在地面，可降低冰雪的熔點，以免地面過濕，車輛打滑）、散播在農地上的肥料、殺蟲劑等。此外，水管、儲存槽、垃圾掩埋場與貯留池等，也可能滲漏出大量的化學與工業物質。以上有些汙染物是歸類為有危險性的，表示它們若不是可燃、具腐蝕性，就是會爆炸或有毒。當雨水滲入這些具汙染性的廢棄物，可能會溶解出各種潛在的汙染物，假使濾出的物質抵達地下水面的話，將會和地下水混合，汙染水源。

因為地下水通常流動得很慢，所以被汙染的地下水可能經過好長一段時間都不會偵測出，事實上有時候只有在飲用水的水質受到影響，甚至人

圖3.30　有時候農業用的化學藥品（左圖）和從垃圾掩埋場（右圖）濾出的物質，會自己找到流入地下水的出路，這是地下水汙染的潛在源頭。（Left photo by Exterminator / Thinkstock, right photo by iStockphoto / Thinkstock）

們健康出了問題後，才會發現地下水受到了汙染。到這個時候，遭汙染的水，體積可能已經非常大了，即使立刻移除汙染源，也不能解決問題。雖然地下水汙染的來源很廣，解決之道卻相對寥寥可數。

　　一旦問題的來源確定，而且得以去除，接下來最常見的施作方法就只是摒棄水源，讓汙染物慢慢流走，這是最省錢也最容易的解決之道，但此含水層在未來許多年內必須停用。為了加速這個作業程序，我們可以抽出受汙染的地下水，加以處理再傾倒。汙染的水去除後，含水層就可以自然的接受補注，或是在有些情況下，把處理過的水或乾淨的水重新打回含水層。然而這個過程昂貴且耗時，也可能有風險，因為沒有辦法完全確定所有的汙染物都已經移除。很顯然的，對付地下水汙染的最有效方法，就是預防汙染的發生。

 # 地下水的地質作用

　　地下水溶解岩石這項事實，對於瞭解洞穴與滲穴如何形成，非常重要。因為可溶解的岩石，尤其是石灰岩，潛藏在占地幾百萬平方公里的地表之下，這裡也是地下水執行侵蝕營力的地方，侵蝕營力是地下水的重要任務。石灰岩在純水裡幾乎很難溶解，但是在含有少量碳酸的水中，卻十分容易溶解，而地下水多半含有這樣的酸。酸性的水之所以形成，是因為雨水很容易從空氣與腐爛的植物得到二氧化碳，因此當地下水與石灰岩接觸，碳酸就會跟岩石裡的鈣（碳酸鈣）作用，形成碳酸氫鈣（$Ca(HCO_3)_2$），這種可溶性物質最後會由地下水帶走。

洞穴

　　地下水的侵蝕作用中，最為人讚嘆的是它精雕細琢出來的傑作——石灰岩洞穴。就單單以美國而言，至今已發現 17,000 個石灰岩洞，雖然大部分都是規模相對小的洞穴，但也有些其大無比，非常壯觀，例如新墨西哥州東南方的卡爾斯貝（Carlsbad）洞窟，以及肯塔基州的猛獁洞窟。卡爾斯貝洞窟中其中有一個洞穴，面積大約有 14 個足球場，高度足以容納美國國會大廈；而猛獁洞窟一個接一個的洞穴，總長度綿延了超過 540 公里。

　　大部分的洞穴都是在地下水面中或以下的飽和帶生成的。酸性的地下水沿岩石的脆弱面（例如節理與層面）滲透，經過許久的時間，這樣的溶解作用會慢慢在岩石上產生孔洞，久而久之孔洞再逐漸擴大成洞穴。地下水溶解的物質，最後會流到河川，再帶往海洋。

　　當然，激起大多數遊客強烈好奇心的洞窟特徵，是裡面岩石的構造，讓洞窟看起來有如奇幻仙境。然而，吸引遊客的並不是洞窟生成的侵蝕特徵，而是堆積特徵。這是由水一滴一滴堆積出來的，歷經千年萬年、似乎永不止息，而水滴殘留下來的碳酸鈣，形成了我們稱為石灰華的石灰岩。這些洞穴裡的堆積物，也常常稱為滴石，這個名稱很明顯是因它形成的模式而來的。

　　雖然洞穴的形成發生在飽和帶內，滴石的堆積卻必須等洞穴位在地下水面上方（也就是在未飽和帶）時，才可能形成。這個情形通常發生在附近的河川把河谷下切得更深的時候，因為河川所在的高度下降，造成了地下水面下降。一旦洞穴內充滿空氣而不是水時，條件恰巧適合這幢洞穴建築進入裝潢期。

　　在洞窟裡可以找到的各種滴石特徵中，最為人熟悉的就是鐘乳石。狀如冰柱的鐘乳石，自洞頂倒掛向下，是水從洞頂的裂縫滲出時形成的。當

你知道嗎？

美國最大的蝙蝠聚落是在洞穴裡發現的。舉例來說，德州中部的柏瑞肯洞窟（Braken Cave），就是 2 千萬隻墨西哥無尾蝙蝠的避暑之家。牠們白天都待在伸手不見五指的 3 公里深洞穴中，夜晚則離開洞穴去覓食，每晚有超過 20 萬公斤的昆蟲，被牠們吃下肚。

水在洞穴中接觸到空氣，溶解的二氧化碳有部分會從水滴中逸失，鈣便開始析出。堆積作用發生在水滴邊緣，形成環狀構造，當水一滴接著一滴落下，每一滴都留下非常細微的鈣含量，久而久之，中空的石灰岩管於焉形成。之後水在順著管子流下，並且短暫停留（懸吊）在管子末端時，貢獻出自己的一小環鈣質後，再滴落在洞穴地面。

剛才形容的鐘乳石，恰如其分的稱為石吸管。常常可見石吸管的中空管子遭堵塞，或是水的供給過多，在這兩種情形下，水都會被迫流走，鈣質便沿管子外圍堆積。隨著堆積作用持續發生，鐘乳石就會呈現較為常見的圓錐狀。

從洞穴地面開始形成，並向上延伸到洞頂的石灰岩，我們稱為石筍。提供鈣質讓石筍生長的水，是從洞頂滴落並潑濺到地面，因此石筍沒有中空的管子，外觀也比較巨大，頂端的形狀也比鐘乳石來得圓。只要時間充足，向下生長的鐘乳石和向上生長的石筍，可能會連在一起形成石柱。

▶ 喀斯特地形

全世界有許多區域的地景，已經被地下水超強的溶解力充分塑造，這樣的區域展現的就是喀斯特地形，是根據斯洛維尼亞（Slovenia）與義大利邊

境的 Krs 地區，所孕育出令人嘆為觀止的溶蝕地景來命名的。在美國，喀斯特地形出現在許多地下蘊含石灰岩的地區，包括肯塔基州、田納西州、阿拉巴馬州，以及印第安納州南部、佛羅里達州中部與北部等地區（圖3.31）。一般而言，乾燥與半乾燥地區不會發展出喀斯特地形，因為地下水的含量不足，但倘使乾旱的地區確實存在這樣的溶蝕地形，那麼很可能是過去某段時間的多雨氣候所留下的殘跡。

滲穴

　　喀斯特地形的特色是不平整的地貌上，遍布了許多稱為滲穴的窪地。在佛羅里達州、肯塔基州與印第安納州南部的石灰岩地區，遍布了至少幾萬個這樣的窪地，深度從 1 或 2 公尺，到最大超過 50 公尺不等。

　　滲穴形成的方式通常有兩種，有些是歷經許多年逐漸發展成形，岩石本身並未遭受任何物理性的擾動，在這種情況下，剛剛補進充足二氧化碳的雨水滲入了土壤，溶解其下的石灰岩。這樣的窪地通常不深，相對緩和的斜坡是特徵。相反的，當洞穴頂受到自身重量的壓迫而塌陷時，會毫無預警的突然形成滲穴，通常以這種方式形成的窪地，具有陡峭的邊緣，深度也較深。滲穴若是在人口稠密的區域形成，代表的可能是嚴重的地質災害。

你知道嗎？

雖然大部分的洞穴與滲穴都跟地表下蘊含石灰岩的地區有關，
這些地形特徵也可以在石膏與岩鹽中形成，
因為這兩種岩石都是高度可溶性、而且可立即溶解的。

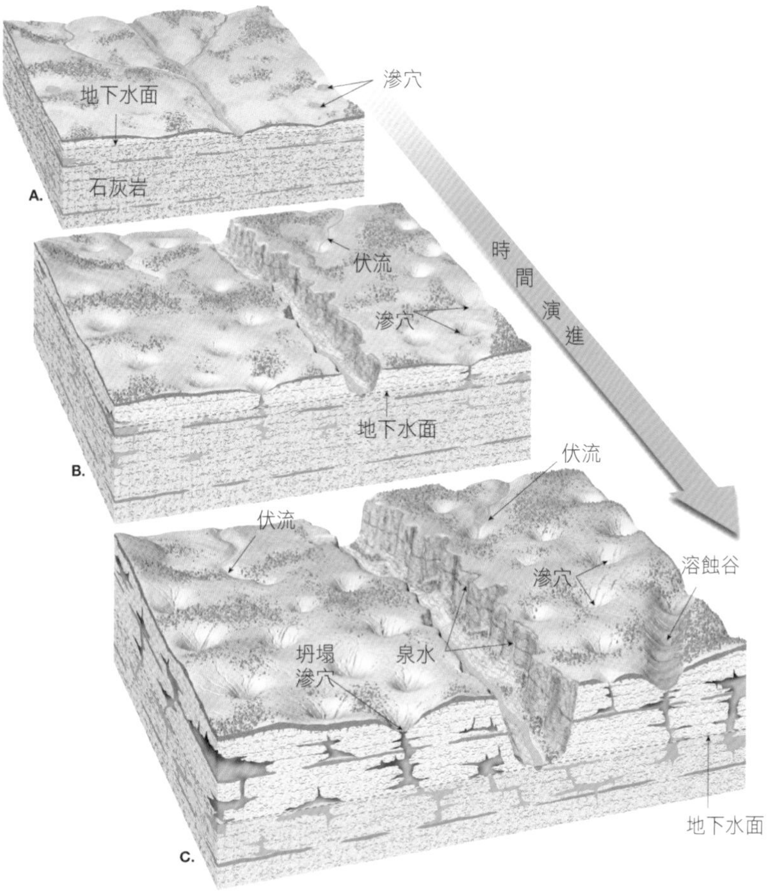

圖3.31 喀斯特地景的發展過程。

A. 在早期階段，酸性地下水沿節理與層面滲透至石灰岩裡，酸性地下水超強的溶蝕力在地下水面及其下方的岩層內產生孔洞，並逐漸使之擴大。

B. 在這張圖裡，滲穴發育完全，地表的河流下切到地面之下，成為伏流。

C. 隨時間過去，孔洞愈變愈大，滲穴的數量跟大小與日俱增。孔洞陸續塌陷，以及滲穴的合併，會形成規模較大、底部平坦的窪地。終於，溶蝕作用可能會把此地大部分的石灰岩都移去，留下一座座石灰岩洞的殘跡。

圖3.32 廣西桂林灕江的山水有典型的塔狀喀斯特地形。
（Photo by iStockphoto/ Thinkstock）

除了地表因滲穴變成一個一個的凹坑，喀斯特地形的另一個特徵，是區域地表內很明顯的缺少排水系統（河流）。降雨過後，逕流很快就從滲穴流進地下，然後流過洞穴，直到抵達地下水面為止。即使地表有河流存在，路徑通常也很短，而這些河流的名字多半吐露了他們的命運，以肯塔基州的猛獁洞窟來做比方，就有叫做「沉溪」、「小沉溪」、「沉支流」等。此外，滲穴若是被泥土跟岩屑堵塞住，就會形成小湖泊或小池塘。

塔狀喀斯特地形

有些發展出喀斯特地形的區域，看起來與圖 3.42 描繪的滲穴滿布的地景非常不同。有一個令人矚目的例子，是中國大陸南方的桂林，世人形容它是「塔狀喀斯特」（tower karst）。用「塔」來形容這樣的地景非常貼切，因為一座座孤立且陡峭的小丘，矗立在地面上，畫面猶如夢境般令人迷惘（圖 3.32）。每一座小丘都布滿互相連通的洞穴與通道，這樣的喀斯特地形是在潮濕的熱帶與亞熱帶地區形成的，基岩是具有高度節理的厚層石灰岩，在這種條件下，地下水溶解了大量的石灰岩，留下殘餘的石灰岩塔。

喀斯特地形在熱帶氣候下發育得比較快，這是因為雨量豐沛，而且茂盛的熱帶植物腐爛後釋放的二氧化碳，取之不盡的緣故。土壤裡過多的二氧化碳，代表的是有更多能溶解石灰岩的碳酸。世界上其他喀斯特地形發育成熟的地區，包括波多黎各、古巴西部以及北越。

■ 風化作用、塊體崩落與侵蝕作用，是造成固體岩石變成沉積物的三種因素，稱做外部作用，因為它們發生在地球表面或接近地球表面，且能量來自於太陽。相反的，像是火山作用與造山運動，皆屬於內部作用，它們的能量來自於地球內部。

■ 塊體崩壞是岩石與土壤直接受到重力作用所做的一種下坡運動。重力是塊體崩壞的控制力，但當水滲透並充滿沉積物顆粒之間的空隙時，會破壞顆粒之間的內聚力，因此，水常常觸發塊體崩壞。過於陡峭的斜坡也會引發塊體崩落。

■ 水循環描述的是水在海洋、大氣與陸地之間的不斷循環交換。水循環由太陽的能量所驅動，是全球性的系統，其中大氣圈在海洋與陸地之間扮演了連結的角色。水循環牽涉的作用包括降雨、蒸發、滲透（水經由裂縫與孔隙流進岩石或土壤的運動）、逕流（水在陸地上流動，而非滲透進地下）與蒸散作用（植物釋放水蒸氣到大氣中）。

■ 決定河川流速的因素有坡度（河道的傾斜度）、河道的形狀、大小與粗糙度，以及流量（單位時間內流經河川某一點的水量）。大多數的情況下，河川下游的坡度與粗糙度會減低，而寬度、深度、流量與流速卻是增加。

■ 為河流系統提供水源的整個陸地範圍稱為流域。流域與流域之間，是以假想的線來區隔，我們稱為分水嶺。

■ 河流系統可分為三個區域：侵蝕作用為主的沉積物生成區、往下游方向的沉積物搬運區與沉積物沉澱區。

■ 河川用下列方式搬運沉積物的荷重：溶解（溶解荷重）、懸浮（懸浮荷重）、沿河床滑動或滾動（河床荷重）。大部分的溶解荷重是被地下水帶進河川裡的，而絕大部分河川搬運的荷重中，以懸浮方式存在的為大宗。河床荷重的移動只是間歇性的，通常在所有河川荷重中占最小的部分。

■ 河川搬運固態物質的能力，可用兩個標準來形容：最大負載量（河川能搬運的最大固態顆粒的荷重）與搬運力（河川能搬運的最大顆粒尺寸）。河川的搬運力隨流速的平方增加，因此倘若流速增加一倍，水的搬運力會變成四倍。

■ 當流速減低且搬運力減弱時，河川的沉積物會開始沉澱，結果導致淘選作用，也就是大小類似的沉積顆粒會堆積在一起的過程。河流沉積的物質稱為沖積層，可能會發生在河道內，稱做沙洲；或以氾濫平原方式堆積，包括自然堤；或在河口處堆積的，稱做三角洲。

■ 河道分成兩種基本類型：基岩河道與沖積河道。基岩河道在河川的上游區域最常見，因為那裡的坡度最陡，急流和瀑布是常見的地質特徵。兩種常見的沖積河道分別是曲流河道與辮狀河道。

- 一般的基準面（河川侵蝕河道深度的最低點）有兩種：永久基準面與暫時基準面（或稱為局部基準面）。任何基準面的改變，都會使河川重新調整，以達到一個新的平衡。河川基準面下降會造成河川下切，而基準面上升會導致物質在河道內堆積。

- 當河川的河道被下切得愈來愈接近基準面，河川的能量轉而指向兩側，結果侵蝕作用產生平坦的河谷谷地，也就是氾濫平原。在氾濫平原上流動的河川時常會形成綿延的彎道，稱為曲流。範圍寬闊的曲流可能會造成較短的河道區段，稱做截流，而遭摒棄的彎道，稱做牛軛湖。

- 河川所形成的常見水系型包括 (1) 樹枝狀 (2) 放射狀 (3) 矩形 (4) 格子狀。

- 大雨與（或）融雪會觸發洪水，有時候人為的干預可能更糟，甚至引發洪水。控洪的方法包括建築人工堤與水壩，還有河川疏導（可能包含人工截流在內）。現今許多科學家與工程師倡導的是以非結構性方法來控洪，並達到更適當的土地利用。

- 地下水是一種資源，代表的是可供人類立即取用的最大淡水水庫。就地質的角度而言，地下水的溶解作用產生了洞穴與溶蝕滲穴。地下水有時也成為河川的水流。

- 地下水是儲存在地表之下，所謂飽和帶內的沉積物或岩石孔隙裡的水，飽和帶的上限就是地下水面。未飽和帶位於地下水面之上，那裡的土壤、沉積物與岩石，並沒有被水完全滲透。地下水儲存的量取決於地底物質的孔隙率（孔隙所占的總體積），而物質的滲透率（經過互相連接的孔隙來輸送液體的能力）是影響地下水流動的關鍵因素。

■ 當地下水面與地表相交，而自然流出的地下水，稱為泉水。水井是在飽和帶鑽孔以取出地下水的裝置，會造成地下水位下降成錐狀，也就是所謂的洩降錐。當地下水在水井裡的高度超過它最初的鑽井水位，我們就稱它為自流井。

■ 當地下水在地底深處流動時，地下水會被加熱，而當地下水在地下水庫加熱、膨脹，使得部分地下水很快的變成水蒸氣，於是造成間歇泉的噴發。大多數溫泉與間歇泉的熱源，皆來自熾熱的火成岩。

■ 目前一些與地下水有關的環境問題包括 (1) 灌溉造成過度取用、(2) 抽取地下水造成地層下陷、(3) 汙染物造成地下水汙染。

■ 當酸性地下水溶解了可溶性的石灰岩，大多會在地下水面或地下水面之下形成洞穴。喀斯特地形表現的特色就是在不平整的地貌上，遍布許多稱為滲穴的窪地。

關鍵名詞解釋

三角洲 delta 在河川進入湖泊或海洋之處所形成的沉積物堆積。

內部作用 internal process 來自地球內部能量所產生的作用，例如火山活動、地震、造山運動等；也稱為內營力作用。

分水嶺 divide 分隔兩條河流流域的一條假想的線，經常是位於山脊沿線。

分流 distributary 一條河流中流離開主河道的區段。

切入曲流 incised meander 躋身在陡峭、狹窄的河谷中的曲流。

孔隙率 porosity 岩石或土壤內的空隙體積。

水井 well 向下鑽至飽和帶的管道。

水循環 hydrologic cycle 地球水源無止盡的循環，此循環是由太陽的能量所驅動，並以水在海洋、大氣圈、地圈與生物圈中不斷交換為特徵。

牛軛湖 oxbow lake 當河流切斷一處曲流時，形成的彎曲狀湖泊。

外部作用 external process 由太陽所驅動的作用，能夠把固態岩石轉變成沉積物，包括風化、塊體崩壞或侵蝕作用；也稱為外營力作用。

未飽和帶 unsaturated zone 地下水面以上的區域，裡面土壤、沉積物與岩石內的空隙並沒有被水填滿，卻主要填充了氣體。

氾濫平原 floodplain 河谷因遭受週期性洪水而產生的平坦低地。

石筍 stalagmite 從洞穴地面向上生長的柱狀型態。

休止角 angle of repose 未固結的粒狀（砂粒大小或更粗粒）沉積物呈現的穩定坡度。又稱為靜止角。

地下水 groundwater 飽和帶內的水。

地下水面 water table 地下水飽和帶的頂層高度。

曲流 meander 河流沿途產生的迴路狀彎曲。

自流井 artesian well 井裡的水上升到超過首次鑽井的水位。

自然堤 natural levee 平行於某些河流的較高地形，作用是防範河水淹出河道，但在洪水期間除外。

伴支流 yazoo tributary 因為自然堤的存在而平行於主河川流動的支流。

含水層 aquifer 地下水在此岩層或土壤內易於流動。

沙洲 bar 河流會不斷從河道中的某部分撿拾沉積物，再到下游處重新沉積，這些沉積物多是由砂粒和礫石組成的，稱為沙洲。

沖積層 alluvium 河流所沉澱出的未固結沉積物。

受壓含水層 confined aquifer 這種含水層的上方與下方皆存在有不透水層（阻水層）。

坡度 gradient 河流的傾斜度，通常以每公里下降多少公尺來度量。

放射狀水系型 radial pattern 從一個中心隆起的構造（如火山）向四面八方流去的河流系統。

河床荷重 bed load 被河流沿著河道底部挾帶的沉積物。

河谷 stream valley 指河道以及周圍直接提供水源給河川的區域。

阻水層 aquitard 妨礙或阻止地下水流動的不透水層。

侵蝕作用 erosion 物質被動態營力（如水、風或冰）所合併或搬運的過程。

後沼 backswamp 氾濫平原內排水不良的區域，是自然堤存在時造成的後果。

泉水 spring 在地表自然湧出的地下水流。

洪水 flood 當河水的流量超過河道的最大負載量時，溢出河道。這是最常見也最具破壞力的天然災害。

流域 drainage basin 為一條河流提供水源的陸地區域。

流量 discharge　一段時間內通過河流某一點的河水總量。

洞穴　cavern　天然形成的地下空洞或連續空洞，最常是在石灰岩內受到溶解作用而產生的。

洩降 drawdown　洩降錐底部與原地下水面原始高度之間的高差。

洩降錐 cone of depression　緊鄰一口井的地下水面，下降成了錐狀。

風化作用 weathering　發生在地表或接近地表的岩石碎裂與分解過程。

格狀水系型 trellis pattern　在褶皺地層的地區，產生的支流幾乎互相平行的河流系統。

矩形水系型 rectangular pattern　以許多直角彎曲為特徵的水系型，這些直角構造是在基岩的節理或破裂面上發展出來的。

基準面　base level　在此高度之下的河流不會產生侵蝕作用。

淘選作用　sorting　不同大小的固態顆粒，受流動的水或風所分離的作用，另亦指沉積物或沉積岩中顆粒大小的相似度。

逕流 runoff　降雨的速率超過陸地吸收的能力時，多餘的水直接從地表流到湖泊與河川。

最大負載量 capacity　一條河流所能搬運的沉積物總量。

喀斯特地形 Karst topography　含有許多稱為溶蝕洞穴的窪地之地形。

間歇泉　geyser　週期性噴出的熱水噴泉。

亂流 turbulent flow　水以不穩定的方式，或可以說是漩渦運動的方式前進。

塊體崩壞 mass wasting　在重力的直接影響下，發生岩石、風化層與土壤的下坡運動。

搬運力　competence　河流所能搬運的最大顆粒，是一個取決於河流流速的因子。

溶解荷重 dissolved load　河流的荷重中，溶解於水中的土壤化合物和礦物質。

溫泉 hot spring　水溫比當地年平均氣溫高出 6℃ 至 9℃ 的泉水。

飽和帶 saturated zone　沉積物與岩層內的所有空隙完全被水填滿的區域。

截流 cutoff　當河流在曲流之間侵蝕過細窄的頸狀地，所形成的一條短河道區段。

滲穴 sinkhole　一塊區域內的可溶性岩石被地下水帶走所形成的窪地。

滲透率　permeability　物質傳送水的能力。

蒸散作用 transpiration　植物把水蒸氣釋放到大氣中的過程。

層流 laminar flow　在流動緩慢的河川中，水流以分層而互不混合的方式流動。

樹枝狀水系型 dendritic pattern　一種與樹木的分枝形態相似的河流系統。

懸浮荷重 suspended load　流動的水體中所攜帶的細小沉積物。

辮狀河道 braided channel　有些河川由複雜的河道網絡組合而成，其中一些河道匯聚、一些河道分離，這些河道在無數的小島與礫石沙洲上，交織成的密麻網絡。

鐘乳石　stalactite　從洞穴頂倒掛向下的冰柱般的結構。

1. 請描述外部作用在岩石圈所扮演的角色。

2. 塊體崩壞的控制力為何？還有其他什麼因素會影響或引發塊體崩壞作用？

3. 塊體崩壞作用在塑造地表的地景上扮演何種角色？

4. 請描述水在水循環裡流動的過程；一旦雨降落至地面，它可能會依循何種路線？

5. 河流系統中的三個主要部分（區域）為何？

6. 假使有一條河流的源頭位於海拔 2,000 公尺的高山，河流蜿蜒 250 公里才流入海洋，那麼請問此河流的平均坡度是每公里多少公尺？

7. 假設問題 6 中的河流發展出大規模的曲流，因此使河道拉長到 500 公里。請計算此河流的新坡度？並且，曲流又是如何影響坡度的呢？

8. 當一條河川的流量增加，對它的流速會產生什麼影響？

9. 河川以哪三種方式搬運荷重？

10. 如果你把溪水裝進一只罐子裡，它的荷重中的哪一部分會沉澱到罐底？哪一部分仍然留在水裡？河川荷重中的哪個部分不會出現在你所蒐集的樣本裡？

11. 請區分最大負載量與搬運力的差別。

12. 請問基岩河道較容易在靠近河川源頭還是河口處發現？

13. 請描述造成河道變成辮狀的可能情況。

14. 請敘述基準面的定義。請說出你所在地方的主要河流，以及對於哪些河川而言，它所扮演的是基準面的角色？

15. 請描述出兩種會導致切入曲流形成的情形。

16. 請簡單描述自然堤形成的過程，以及這個河流特徵與後沼和伴支流有何關連？

17. 請列出並簡單描述三種基本的控洪策略，以及它們各有何缺點？

18. 下列敘述各指向一種特定的水系型，請確認各為何種水系型。

    a. 河川從同一個中心高點（例如火山）發散出來；

    b. 河川看起來像樹枝一樣的形態；

    c. 基岩因節理與斷層而成十字形交叉。

19. 淡水中有多少比例屬於地下水（請參見第 191 頁圖 3.21）？若把冰川的冰排除在外，只考慮液態淡水的話，地下水占了多少比例？

20. 以地質學的角度來看，地下水是很重要的侵蝕營力。請說出地下水所扮演的其他地質角色。

21. 請定義地下水，以及它與地下水面的關連。

22. 請問孔隙率與滲透率有何差別？

23. 請問大部分的溫泉和間歇泉的熱源為何？熱源又是如何影響這些地質特徵的分布？

24. 請問「自流」代表的意義為何？在什麼樣的情況下會產生自流井？

25. 美國高地平原的南部區域為了灌溉而抽取地下水，請問產生了何種問題？

26. 請簡短描述美國加州的聖華金谷地、墨西哥的墨西哥城與其他城市因過度抽取地下水而發生了什麼問題？

27. 下列哪一種含水層在淨化已汙染的地下水方面，最有效果：一是主要由粗粒礫石所組成；二是砂岩；三是多孔的石灰岩？

28. 請區分鐘乳石與石筍，它們分別又是如何形成的呢？

29. 如果你去探索一個喀斯特地形發達的地區，請問你會發現什麼地質特徵呢？此區域的下方可能蘊含何種類型的岩石？

附錄 A：公制與英制單位對照

單位

1 公里（km）	= 1000 公尺（m）	1 英寸（in.）	= 2.54 公分（cm）
1 公尺（m）	= 100 公分（cm）	1 平方英里（mi²）	= 640 英畝（a）
1 公分（cm）	= 0.39 英寸（in.）	1 公斤（kg）	= 1000 公克（g）
1 英里（mi）	= 5280 英尺（ft）	1 磅（lb）	= 16 盎司（oz）
1 英尺（ft）	= 12 英寸（in.）	1 噚（fathom）	= 6 英尺（ft）

單位換算

當你想要轉換下列單位：	須乘以：	就可以得到：
長度		
英寸	2.54	公分
公分	0.39	英寸
英尺	0.30	公尺
公尺	3.28	英尺
碼	0.91	公尺
公尺	1.09	碼
英里	1.61	公里
公里	0.62	英里

當你想要轉換下列單位：	須乘以：	就可以得到：
面積		
平方英寸	6.45	平方公分
平方公分	0.15	平方英寸
平方英尺	0.09	平方公尺
平方公尺	10.76	平方英尺
平方英里	2.59	平方公里
平方公里	0.39	平方英里
體積		
立方英寸	16.38	立方公分
立方公分	0.06	立方英寸
立方英尺	0.028	立方公尺
立方公尺	35.3	立方英尺
立方英里	4.17	立方公里
立方公里	0.24	立方英里
公升	1.06	夸脫
公升	0.26	加侖
加侖	3.78	公升

當你想要轉換下列單位：	須乘以：	就可以得到：

質量和重量

盎司	20.33	公克
公克	0.035	盎司
磅	0.45	公斤
公斤	2.205	磅

溫度

當你想要把華氏溫度（℉）換算成攝氏溫度（℃），那麼請先減去 32 ℉之後，再除以 1.8。

當你想要把攝氏溫度（℃）換算成華氏溫度（℉），那麼請先乘上 1.8 之後，再加上 32 ℉。

當你想要把攝氏溫度（℃）換算成絕對溫度（凱氏溫度，Kelvin，K），那麼請先把℃的符號去掉，然後加上 273。若你想要把絕對溫度（K）換算成攝氏溫度（℃），那麼請先加上℃的符號，然後減去 273。

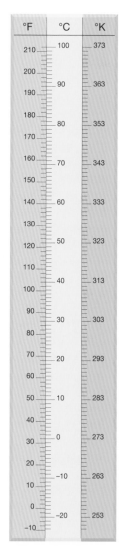

圖A.1 溫度刻度

附錄 B：礦物檢索表

第I類　金屬光澤

硬度	條痕	其他特徵	礦物名 （英文名，化學組成）
比玻璃硬	黑色條痕	黑色；具磁性；硬度 = 6； 比重 = 5.2；通常呈顆粒狀	磁鐵礦（Magnetite，Fe_3O_4）
	綠黑色條痕	黃銅色；硬度 = 6；比重 = 5.2； 通常是立方體的聚合體	黃鐵礦（愚人金，Pyrite，FeS_2）
	紅棕色條痕	灰色或紅棕色；硬度 = 5~6； 比重 = 5；外觀呈片狀	赤鐵礦（Hematite，Fe_2O_3）
	綠黑色條痕	金黃色；硬度 = 4；比重 = 4.2； 塊狀	黃銅礦（Chalcopyrite，$CuFeS_2$）
比玻璃軟	灰黑色條痕	銀灰色；硬度 = 2.5；比重 = 7.6（非常重）； 良好立方體解理	方鉛礦（Galena，PbS）
	黃褐色條痕	黃褐色到深褐色；硬度多變（1~6）；比重 = 3.5~4；多以圓團狀被發現；外觀呈土狀	褐鐵礦（Limonite，$Fe_2O_3 \cdot H_2O$）
	灰黑色條痕	黑色到青銅色；失去光澤後呈紫色到綠色； 硬度 = 3；比重 = 5；塊狀	斑銅礦（Bornite，Cu_5FeS_4）
比指甲軟	深灰色條痕	銀灰色；硬度 = 1（非常軟）； 比重 = 2.2；塊狀到片狀；可用來寫在紙上（鉛筆芯）；觸感油油的	石墨（Graphite，C）

第II類　非金屬光澤（深色）

硬度	解理	其他特徵	礦物名 （英文名，化學組成）
	有解理	黑色到綠黑色；硬度= 5~6；比重= 3.4；良好解理，兩組方向幾乎呈90°	輝石（Augite，Ca, Mg, Fe, Al 矽酸鹽類）
		黑色到綠黑色；硬度= 5~6；比重= 3.2；良好解理，兩組方向幾乎呈60°到120°	角閃石（Hornblende，Ca, Na, Mg, Fe, OH, Al 矽酸鹽類）
比玻璃硬		紅色到紅棕色；硬度= 6.5~7.5；貝殼狀斷口；玻璃光澤	石榴子石（Garnet，Fe, Mg, Ca, Al 矽酸鹽類）
	解理不顯著	灰色到棕色；硬度= 9；比重= 4；常見六方晶體	剛玉（Corundum，Al_2O_3）
		深褐色到黑色；硬度= 7；貝殼狀斷口；玻璃光澤	煙水晶（Smoky quartz，SiO_2）
		橄欖綠；硬度= 6.5~7；小玻璃質顆粒	橄欖石（Olivine，$(Mg, Fe)_2 SiO_4$）
	有解理	黃褐色到黑色；硬度= 4；在六個方向上有良好解理；淡黃色條痕，聞起來有硫磺味	閃鋅礦（Sphalerite，Cu_5FeS_4）
比玻璃軟		深褐色到黑色；硬度= 2.5~3；在一個方向上有完美解理；薄片具有彈性	黑雲母（Biotite，K, Mg, Fe, OH, Al 矽酸鹽類）
	無解理	通常失去光澤後呈褐色或綠色；硬度= 2.5；比重= 9；塊狀	天然銅（Native copper，Cu）
	解理不顯著	紅棕色；硬度= 1~5；比重= 4~5；紅色條痕；外觀呈土狀	赤鐵礦（Hematite，Fe_2O_3）
比指甲軟		黃褐色；硬度= 1~3；比重= 3.5；外觀呈土狀；易磨成粉末	褐鐵礦（Limonite，$Fe_2O_3 \cdot H_2O$）

第III類　非金屬光澤（淺色）

硬度	解理	其他特徵	礦物名（英文名，化學組成）
比玻璃硬	有解理	鮭魚色或白色到灰色；硬度 = 6；比重 = 2.6；兩組方向解理，幾乎呈直角	鉀長石（Potassium feldspar，$KAlSi_3O_8$）
			斜長石（Plagioclase feldspar，$NaAlSi_3O_8$）到（$CaAl_2Si_2O_8$）
	無解理	任何顏色；硬度 = 7；比重 = 2.65；貝殼狀斷口；玻璃光澤；種類繁多：乳水晶、玫瑰水晶、煙水晶、紫水晶	石英（Quartz，SiO_2）
比玻璃軟	有解理	白色、淡黃色到無色；硬度 = 3；三組方向解理，呈 75°（菱面體）；遇鹽酸（HCl）起泡；通常呈透明	方解石（Calcite，$CaCO_3$）
		白色到無色；硬度 = 2.5；三組方向解理，呈 90°（立方體）；嚐起來有鹹味	岩鹽（Halite，NaCl）
		黃色、紫色、綠色、無色；硬度 = 4；白色條痕；半透明到透明；四組方向解理	螢石（Fluorite，CaF_2）
	有解理	無色；硬度 = 2~2.5；透明且薄片具有彈性；在一個方向上有完美解理；淺色雲母	白雲母（Muscovite，K, OH, Al 矽酸鹽類）
		白色到無色；硬度 = 2；薄片具有灣區性但不具彈性；種類繁多：透石膏（透明、三組方向解理）、纖維石膏（纖維狀、絲緞光澤）、雪花石膏（小結晶的集合體）	石膏（Gypsum，$CaSO_4 \cdot H_2O$）
比指甲軟	解理不顯著	白色、粉紅色、綠色；硬度 = 1；狀如薄片；觸感如肥皂；珍珠般光澤	滑石（Talc，Mg 矽酸鹽類）
		黃；硬度 = 1~2.5	硫（Sulfur，S）
		白色；硬度 = 2；感覺柔滑；潮溼時有土味；具有典型黏土岩理	高嶺土（Kaolinite，含水的 Al 矽酸鹽類）

硬度	解理	其他特徵	礦物名（英文名，化學組成）
		綠色；硬度 = 2.5；纖維狀；蛇紋石（serpentine）的變種	石棉（Asbestos，Mg, Al 矽酸鹽類）
		淡到深的紅棕色；硬度 = 1~3；暗沉光澤；土狀；通常含有球狀顆粒；不是真正的礦物	鋁土礦（Bauxite，含水的鋁氧化物）

附錄 C：相對溼度表與露點表

表 C.1：相對溼度（百分比）

乾球（℃）　　　溼球溫度下降度數（乾球溫度－溼球溫度＝溼球下降度數）

乾球（空氣）溫度　相對溼度值

乾球(℃)	1	2	3	4	5	6	7	8	9	10	11	12	13	14	15	16	17	18	19	20	21	22
−20	28																					
−18	40																					
−16	48	0																				
−14	55	11																				
−12	61	23																				
−10	66	33	0																			
−8	71	41	13																			
−6	73	48	20	0																		
−4	77	54	32	11																		
−2	79	58	37	20	1																	
0	81	63	45	28	11																	
2	83	67	51	36	20	6																
4	85	70	56	42	27	14																
6	86	72	59	46	35	22	10	0														
8	87	74	62	51	39	28	17	6														
10	88	76	65	54	43	33	24	13	4													
12	88	78	67	57	48	38	28	19	10	2												
14	89	79	69	60	50	41	33	25	16	8	1											
16	90	80	77	62	54	45	37	29	21	74	7	1										
18	91	81	72	64	56	48	40	33	26	19	12	6	0									
20	91	82	74	66	58	51	44	36	30	23	17	11	5									
22	92	83	75	68	60	53	46	40	33	27	21	15	10	4	0							
24	92	84	76	69	62	55	49	42	36	30	25	20	14	9	4	0						
26	92	85	77	70	64	57	51	45	39	34	28	23	18	13	9	5						
28	93	86	78	71	65	59	53	45	42	36	31	26	21	17	12	8	4					
30	93	86	79	72	66	61	55	49	44	39	34	29	25	20	16	12	8	4				
32	93	86	80	73	68	62	56	51	46	41	36	32	27	22	19	14	11	8	4			
34	93	86	81	74	69	63	58	52	48	43	38	34	30	26	22	18	14	11	8	5		
36	94	87	81	75	69	64	59	54	50	44	40	36	32	28	24	21	17	13	10	7	4	
38	94	87	82	76	70	66	60	55	51	46	42	38	34	30	26	23	20	16	13	10	7	5
40	94	89	82	76	71	67	61	57	52	48	44	40	36	33	29	25	22	19	16	13	10	7

* 為確定相對溼度（或露點），請找出縱軸（最左邊）的空氣（乾球）溫度，以及橫軸（最上方）的溼球下降度數，兩者相交的數值就是相對溼度（表C.1）或露點（表C.2）了。例如：當乾球溫度為20℃，而溼球溫度為14℃，那麼溼球下降度數就是6℃（20℃－14℃），從表C.1可知相對溼度是51%，而從表C.2可得到露點為10℃。

表 C.2：露點溫度（℃）

乾球（℃）　　　　　　　　　（乾球溫度－溼球溫度＝溼球下降度數）

露點值

乾球(空氣)溫度	1	2	3	4	5	6	7	8	9	10	11	12	13	14	15	16	17	18	19	20	21	22
−20	−33																					
−18	−28																					
−16	−24																					
−14	−21	−36																				
−12	−18	−28																				
−10	−14	−22																				
−8	−12	−18	−29																			
−6	−10	−14	−22																			
−4	−7	−12	−17	−29																		
−2	−5	−8	−13	−20																		
0	−3	−6	−9	−15	−24																	
2	−1	−3	−6	−11	−17																	
4	1	−1	−4	−7	−11	−19																
6	4	1	−1	−4	−7	−13	−21															
8	6	3	1	−2	−5	−9	−14															
10	8	6	4	1	−2	−5	−9	−14	−18													
12	10	8	6	4	1	−2	−5	−9	−16													
14	12	11	9	6	4	1	−2	−5	−10	−17												
16	14	13	11	9	7	4	1	−1	−6	−10	−17											
18	16	15	13	11	9	7	4	2	−2	−5	−10	−19										
20	19	17	15	14	12	10	7	4	2	−2	−5	−10	−19									
22	21	19	17	16	74	12	10	8	5	3	−1	−5	−10	−19								
24	23	21	20	18	16	14	12	10	8	6	2	−1	−5	−10	−18							
26	25	23	22	20	18	17	15	13	11	9	6	3	0	−4	−9	−18						
28	27	25	24	22	27	19	17	16	14	11	9	7	4	1	−3	−9	−16					
30	29	27	26	24	23	21	19	18	16	14	12	70	8	5	1	−2	−8	−15				
32	31	29	28	27	25	24	22	21	19	17	15	13	11	8	5	2	−2	−7	−14			
34	33	31	30	29	27	26	24	23	21	20	18	16	14	12	9	6	3	−1	−5	−12	−29	
36	35	33	32	31	29	28	27	25	24	22	20	19	17	15	13	10	7	4	0	−4	−10	
38	37	35	34	33	32	30	29	28	26	25	23	21	19	17	15	13	11	8	5	1	−3	−9
40	39	37	36	35	34	32	31	30	28	37	25	24	22	20	18	16	14	12	9	6	2	−2

附錄 D：地球的方格系統

　　任何地球儀都劃有一系列南北向與東西向的直線，聯合在一起組成地球的方格系統，這全球通用、用來定位地球表面的系統。方格中的南北向直線稱為子午線，從北極連結到南極（圖 D.1），全部都是大圓的一半。大圓是指在一個球體上可以劃出的最大的圓，倘若沿地球儀眾多大圓的其中一條剖開，那麼它會一分為相同的兩半，我們稱之為半球。我們觀察地球儀或圖 D.1 時會發現，每條子午線之間在赤道上分得最開，然後在兩極會合。方格中的東西向直線（圈）就是已知的緯圈，正如其英文名字之意，緯圈與緯圈之間是互相平行的（圖 D.1）。雖然所有的子午線都屬於大圓，但並非所有的緯圈都是大圓；事實上，只有一個緯圈屬於大圓，那就是赤道。

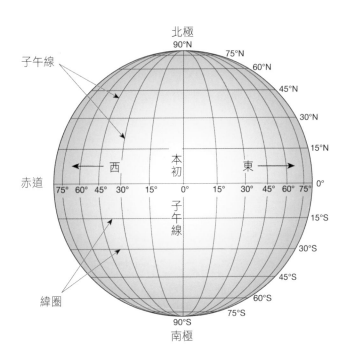

圖D.1 地球的方格系統

緯度與經度

緯度的定義是從赤道算起以北或以南的距離，單位是「度」，而緯圈就是用來表示緯度的。因為同一條緯圈上的所有點，與赤道的距離都相同，所以都具有相同的緯度。赤道的緯度是 0 度，北極與南極則分別位於 90 度 N 與 90 度 S。

經度的定義是從經度零度或本初子午線算起以東或以西的距離，單位是「度」。因為每一條子午線都是一樣的，所以零度線的選擇顯然是任意的，然而，通過英國格林威治皇家天文台的子午線，是廣為接受的參考子午線，因此，地球儀上任何一地的經度都是從這條線往東或往西來計算的。經度可以從本初子午線的 0 度，變化到半個地球外的 180 度。

有一點很重要，必須記住，當我們指明一個地點，則必須涵蓋方向，也就是有北緯或南緯，以及東經或西經（圖 D.2）。如果沒有做到這一點，就可以在地球儀上標示出不只一個點，當然，沿著赤道（本初子午線）或是緯度 180 度的地點除外。雖然使用分數並沒有錯，但通常緯度或經度是再細分成分（′）與秒（″）的；1 分是 1 度的 1/60，1 秒是 1 分的 1/60。當你要在地圖上找出一個地方的位置，度的精確度將取決於地圖的比例尺。如果你利用的是小比例尺的世界地圖或地球儀，可能會很難估計最接近那個地方的整數緯度和整數經度。另一方面，若你使用的是一個地區的大比例尺地圖，通常可能把經度和緯度估計到最接近的分或秒。

·

測量距離

經度 1 度的長度，取決於測量的位置。在赤道的大圓上，東—西方向 1 度的距離差不多是 111 公里，這個數字是從地球的圓周長（40,075 公里）除以 360 得到的。然而，隨著緯度增加，緯圈愈變愈小，經度 1 度的長度就跟著減短（請見表 D.1），因此，在北緯與南緯 60°上，經度 1 度的長度大約等於赤道上 1 度的一半。

因為所有的子午線都是大圓的一半，所以緯度 1 度的長度也應當等於 111 公里，與赤道上的

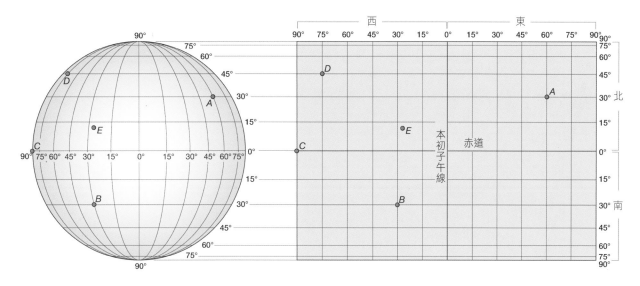

圖D.2　利用方格系統來定位。對以上兩張圖來說，A點是在緯度30°N、經度60°E，B點是在緯度30°S、經度30°W，C點是在緯度0°S、經度90°W，D點是在緯度45°N、經度75°W，E點則大約是在緯度10°N、經度25°W。

經度1度相同。然而，地球並非一個完美的球體，而是在兩極有一點扁平，在赤道上有一點凸起的球體。正因為如此，緯度1度的長度各有些微的差距。

　　要確定地球儀上任兩個點之間的最短距離，可以利用「球與繩」（globe and string）的方法，來輕易且相當精確的完成。大圈上的弧線是球體上兩個點之間的最短距離，要確定兩地之間的大圈距離（以及觀察大圈路線），須把繩子跨在兩地之間後拉直，然後移到赤道上量出這條繩子的長度（因為赤道是標有度數的大圈），以確定兩地之間的度數。要計算實際的距離，只需把度數乘上111公里就可以得到答案了。

表D.1

緯度	經度 1° 的長度（公里）	緯度	經度 1° 的長度（公里）	緯度	經度 1° 的長度（公里）
0	111.367	30	96.528	60	55.825
1	111.349	31	95.545	61	54.131
2	111.298	32	94.533	62	52.422
3	111.214	33	93.493	63	50.696
4	111.096	34	92.425	64	48.954
5	110.945	35	91.327	65	47.196
6	110.760	36	90.203	66	45.426
7	110.543	37	89.051	67	43.639
8	110.290	38	87.871	68	41.841
9	110.003	39	86.665	69	40.028
10	109.686	40	85.431	70	38.204
11	109.333	41	84.171	71	36.368
12	108.949	42	82.886	72	34.520
13	108.530	43	81.575	73	32.662
14	108.079	44	80.241	74	30.793
15	107.596	45	78.880	75	28.914
16	107.079	46	77.497	76	27.029
17	106.530	47	76.089	77	25.134
18	105.949	48	74.659	78	23.229
19	105.337	49	73.203	79	21.320
20	104.692	50	71.727	80	19.402
21	104.014	51	70.228	81	17.480
22	103.306	52	68.708	82	15.551
23	102.565	53	67.168	83	13.617
24	101.795	54	65.604	84	11.681
25	100.994	55	64.022	85	9.739
26	100.160	56	62.420	86	7.796
27	99.297	57	60.798	87	5.849
28	98.405	58	59.159	88	3.899
29	97.481	59	57.501	89	1.950
30	96.528	60	55.825	90	0

國家圖書館出版品預行編目(CIP)資料

觀念地球科學1：地質‧地景 / 呂特根(Frederick K. Lutgens),
塔布克(Edward J. Tarbuck)著；塔沙(Dennis Tasa)繪圖；王季蘭
譯. --第二版. -- 臺北市：遠見天下文化, 2018.06
　　面；　公分. -- (科學天地；507)
譯自：Foundations of earth science, 6th ed.
ISBN 978-986-479-501-7 (平裝)

1.地球科學

350   107009869

科學天地507

觀念地球科學 1
地質・地景
FOUNDATIONS OF EARTH SCIENCE, 6th Edition

原著／呂特根、塔布克、塔沙
譯者／王季蘭
科學天地顧問群／林和、牟中原、李國偉、周成功

總編輯／吳佩穎
編輯顧問／林榮崧
責任編輯／林文珠
封面設計／江儀玲
美術編輯／江儀玲、邱意惠

出版者／遠見天下文化出版股份有限公司
創辦人／高希均、王力行
遠見・天下文化・事業群 董事長／高希均
事業群發行人／CEO／王力行
天下文化社長／林天來
天下文化總經理／林芳燕
國際事務開發部兼版權中心總監／潘欣
法律顧問／理律法律事務所陳長文律師
著作權顧問／魏啟翔律師
社址／台北市104松江路93巷1號2樓
讀者服務專線／（02）2662-0012
傳真／（02）2662-0007 2662-0009
電子信箱／cwpc@cwgv.com.tw
直接郵撥帳號／1326703-6號 天下遠見出版股份有限公司
電腦排版／極翔企業有限公司
製版廠／東豪印刷事業有限公司
印刷廠／立龍藝術印刷股份有限公司
裝訂廠／台興印刷裝訂股份有限公司
登記證／局版台業字第2517號
總經銷／大和書報圖書股份有限公司 電話／（02）8990-2588
出版日期／2022年02月22日第二版第3次印行

定價500元　　書號BWS507　　ISBN：978-986-479-501-7

天下文化官網 bookzone.cwgv.com.tw
本書如有缺頁、破損、裝訂錯誤，請寄回本公司調換。
本書謹代表作者言論，不代表本社立場。